U0320653

★★★★★

东京五星级伴手礼

岸朝子 主编

赵海涛 译

中国工人出版社

图书在版编目（CIP）数据

东京五星级伴手礼 /（日）岸朝子主编；赵海涛译 .—北京：中国工人出版社，2019.10

ISBN 978-7-5008-7286-3

Ⅰ.①东… Ⅱ.①岸… ②赵… Ⅲ.①糕点—介绍—日本 Ⅳ.① TS213.23

中国版本图书馆CIP数据核字（2019）第214896号

著作权合同登记号： 图字 01-2018-5310

东京五星级伴手礼

出 版 人 王娇萍

责任编辑 董佳琳 金 伟

责任印制 黄 丽

出版发行 中国工人出版社

地　　址 北京市东城区鼓楼外大街45号 邮编：100120

网　　址 http://www.wp-china.com

电　　话 （010）62005043（总编室）

（010）62005039（印制管理中心）

（010）62004005（万川文化项目组）

发行热线 （010）62005049 （010）62005041 （010）62046646

经　　销 各地书店

印　　刷 北京市密东印刷有限公司

开　　本 880毫米×1230毫米 1/32

印　　张 7.25

字　　数 88千字

版　　次 2019年11月第1版 2019年11月第1次印刷

定　　价 58.00元

目　录

○新宿区

○文京·台东·墨田·江东区

○品川·目黑·大田区

○世田谷·涩谷区

○中野·杉并·丰岛·练马区

○板桥・北・荒川区

○足立・葛饰・江户川区

○商店街的名店总动员

前言

作为一名从业50年、以“吃得可口，健康长寿”为座右铭的料理记者，我对来自读者朋友们的热烈反响感到十分意外。在今年春天发售的《东京五星级伴手礼》一书自付梓就备受好评，不断再版。作为一本实用书，这本书竟然有如此销量，也让书店喜上眉梢，编书的相关人员自然也感到十分喜悦。不过，也听到许多读者发出诸如——“为什么我居住的品川区没有入选”之类的不满，因此在这本新书中，我将加入包括之前正篇所没介绍到的店铺和品牌，以及整合东京全市区伴手礼的名品在内的续篇一并献给读者。我想：上一个版本之所以大卖，大概是由于许多人虽然身居东京，但对东京的很多风物并不知晓，在如今信息爆炸的时代，他们没有自信决定选择的基准。中老年人怀念孩提时期尝过的食品的味道，年轻人则更乐意接受一些前所未有的稀奇味觉。此外，除了中元和年中送礼以外的日子，这本书也被许多人当作挑选送人礼物的指导用书。我认为这些礼物不管价格是高是低，也并非一定要博人眼球，而是希望大家能够做到赠送悦人之心的礼物。本书若能在这一点上为读者朋友们提供些许参考，我将不胜欣慰。

岸朝子

◉千代田区

市ヶ谷・九段下・半蔵門
市谷砂土原町
法大62年館
嘉悦女子高・中
法政大
白百合学園小
白百合学園高・中
富士見坂
ボアソナードタワー
遊就館
新見附橋
新見附
靖國会館
大村益次郎像
三輪田学園高・中
能楽堂
九段坂上
市谷田町
保健会館
靖國神社
宝来屋本店(P12)
九段北
靖国神社
地下鉄新宿線
靖国通り
一口坂
さかぐち(P20)
九段南
市谷見附
シェ・シーマ 市ヶ谷本店(P22)
二松学舎大
麹町局
市ヶ谷駅
九段南四
二七不動尊
東京家政学院
三番町
日大会館
東郷公園
大妻女子大
九段小
大妻高・中
二七通り
帯坂
新坂
東郷坂
四番町
千代田区
上智大 市ヶ谷キャンパス
四番町図書館
行人坂
墓苑入口
千代田女学園高・中
大妻通り
五味坂
日本テレビ通り
地下鉄有楽町線
大使館裏
千鳥ヶ淵
女子学院高・中
袖摺坂
英国大使館
一番町
日本テレビ麹町分室
番町中央通り
千鳥ヶ淵公園
永井坂
山本道子の店(P10)
二番町
日本カメラ博物館
半蔵門駅
麹町学園女子高・中
麹町
ハナコウジ(P16)
麹町消防署
麹町駅
鶴屋八幡 東京店(P8)
一元屋(P14)
麹町警察署
善国寺坂
新宿通り
麹町三
麹町一
麹町大通り
半蔵門
麹町四
TOKYO FM
平河町
グランドアーク半蔵門
紀尾井町
清水谷坂
紀尾井町ビル
平河天満宮
国立劇場
中央線
地下鉄南北線
外堀通り
外濠
外濠公園
牛込中央通り
浄瑠璃坂
地下鉄半蔵門線
内堀通り
半蔵濠
桜田濠

富士見
九段中
ホテル グランドパレス
西神田 出入口
西神田
専修大
暁星高
中坂
九段北一
九段下駅
首都高速池袋線
専大通り
神田神保町
白山通り
地下鉄三田線
和洋九段 女子高・中
九段高
靖国通り
神保町駅
神保町
九段下駅
九段下
九段局
大丸やき茶房
(P18)
さくら通り
大鳥居
田安門
昭和館
共立女子大・短大
九段会館
田安門
牛ヶ淵
地下鉄東西線
一橋中
一ツ橋
九段坂病院
武道館
千代田区役所
九段合同庁舎
共立女子大・短大
千鳥ヶ淵
内堀通り
交通博物館
神田
神田淡路町
神田須田町
北の丸公園
地下鉄新宿線
須田町
総評会館
淡路町
庄之助神田須田町店
(P6)
中央線
靖国通り
小川町
小川町駅
淡路町駅
多町大通り
地下鉄銀座線
千鳥ヶ淵 戦没者墓苑
地下鉄千代田線
本郷通り
地下鉄丸ノ内線
外堀通り
神田多町
神田駅
山手・京浜東北線
神田司町
千代田小
神田駅北口
代官町通り
美土代町
神田公園
NTT
神田警察通り
神田駅
千代田
千代田区
司町
内神田
有楽町・日比谷
地下鉄有楽町線
東京国際フォーラム
吹上大宮御所
有楽町駅
千代田区
有楽町
日比谷
有楽町駅
皇居
日比谷公園
日比谷駅
山手・京浜東北線
東京交通会館
地下鉄三田線
日比谷駅
晴海通り
御所
有楽町マリオン
日比谷シャンテ
日生劇場
宝塚劇場
横須賀線
地下鉄千代田線
地下鉄丸ノ内線
数寄屋橋
銀座駅
帝国ホテル
泰明小
外堀通り
銀座駅
ホテルショップガルガンチュワ(P24)
銀座
1：10,000
0
200m
地図の方位は真北です

二十二代庄之助最中，咬一口仿佛就能感受到国技馆的盛况

庄之助

二十二代庄之助最中

江户、明治时期创立的几家老字号仍旧存续在历史渊源深厚的昭和初期的建筑中，至今在田须田町一隅仍可见其之一斑。庄之助创立于昭和 24 年（1949），虽然与周围店铺相比历史较短，但是至今仍保留着刚开张时的模样和格局，商品品质也一如既往保留着东京下町的优秀传统。

掌管店铺的是老板娘泉幸江女士，说着“给顾客呈上的食物必须严格对待卫生情况”，店铺相比利益更注重顾客的体验，不惜耗时耗力守护良好的口碑。

牌匾上的第二十二代庄之助最中是店主的父亲——大相扑首席裁判员、第二十二代木村庄之助于日南首创的。最中外皮仿照相扑裁判指挥扇的形状烤制，再以大纳言小豆入馅。蒸煮过程中会细心去除浮沫，经此，才会产生最中独特而高雅的甘甜风味。

冠以名行司称号的最中
兼具风味与卖相

外形出色的万祝，正适合吉日

商品目录

二十二代庄之助最中 / 个 ……………… 170 日元
二十二代庄之助最中 /6 个装 ……… 1200 日元
万祝 / 个 ………………………………… 450 日元
神田祭 / 个 ……………………………… 200 日元

庄之助神田须田町店

☎ 03（3251）5073

千代田区神田须田町 1-8-5
地铁淡路町站或小川町 A1 出口步行 1 分钟
营业时间　9 时~20 时
休息日　星期日
停车场　无
地方配送　支持

因诚实工作的资态而备受爱戴的泉幸江夫妇

除此之外，店里还有用皮裹住派坯的神田祭和板栗铜锣烧。虽然应季的和果子品类丰富，但无一不是精心制作的上品。秋篠宫女士还将上等糯米制成的赤饭制成圆形，取名万祝，专供婚礼宴席。

展现了季节迁移，三种初夏的上生果子

上生果子

鹤屋八幡

鹤屋八幡的初代・今中伊八是在《东海道徒步旅行记》中也能见到的点心铺。店主跟随虎屋大和大掾藤原伊织学习后，于文久三年（1863）在大阪高丽桥创立了现在的店铺。一直以来都以“随贵命承制、应贵旨精制”（按照需要进行调整、制作。也就是说，根据客人的要求，诚恳、仔细地制作客人满意的优等品。）为座右铭，制作充满和式风情，充分反映四季交替感的点心。

这家店铺于昭和 30 年在东京设立了分店，虽然现在各大百货店都有鹤屋八幡的门店，但是只有备受欢迎的上生果子由东京的生产车间而非工厂制作。

有熬切豆沙、上用等诸多品种的生果子，这些品类每日更换两次，时时保持着六种口味。曾经的茶果子装饰少，过分朴素，但是现在的外观设计两者兼顾，集美观和趣味性于一身。东京店有职员十五六人，其中也包含做了近50年和果子的老师傅，这些师傅多年如一日，兢兢业业地制作上生果子。

外表喜庆华丽 传达上方之雅致的上生果子

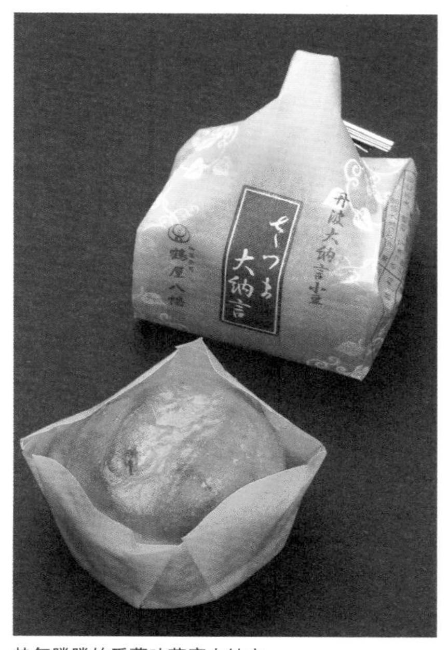

热气腾腾的番薯味萨摩大纳言

商品目录

上生果子 / 个 ………………………… 284 日元
百乐 / 个 ………………………… 168 日元
精致铜锣烧・舞鹤 / 个 ………………… 189 日元
蛋黄面条糕 / 箱 ………………………… 1155 日元
萨摩大纳言 / 个 ………………………… 210 日元

鹤屋八幡东京店

☎ 03（3263）7766

千代田区麴町 2-4
地铁麴町站或半藏门站下车步行 2 分钟
营业时间　9 时～19 时
休息日　无
停车场　无
地方配送　支持（除上生果子等一部分商品）

用备中大纳言小豆制成馅料紧实的最中——百乐；以丹波大纳言小豆为馅，以松软外皮包裹的精致铜锣烧——舞鹤；再现400年前由葡萄牙传来的果子——蛋黄面条糕，用来做伴手礼再适合不过。最近，萨摩大纳言以和风甘薯点心（Sweet Potato）的形象大受好评。

慢火熬煮的百乐非常可口

简单但味道丰富的烧果子

烧果子
山本道子的店

以独创的西方家庭料理闻名的料理研究家山本道子是于明治 7 年（1874）创立的洋果子、法式料理名店・村上开新堂的第五代传人、餐馆多堪（Doh Kan）的主人，也是同名店铺——山本道子店的拥有者。

虽然村上开新堂的洋果子没有介绍人就无法购买，但是在这家店铺可以轻松买到山本老板特有的，可以体现其想法充满创意的洋果子和果酱。

烧果子主要以云纹曲奇、松糕等传统点心为主。

黄油松糕尝起来更是回味无穷。

抹茶和巧克力味道的曲奇口感清脆，口味清爽。

以岩手县名物南部煎饼进行口感改良的松脆饼干、与冰激凌和酸奶很相配的梅子红酒煮是不变的人气商品。

将传统赋予崭新的理念
味道与颜值都极尽考究的洋果子

山本制作的创意果酱、薄脆饼干等

位于村上开新堂一角
新装修的店铺

山本利甚至运用在美国生活的经验来制作点心。积极吸收融合了日美双方优点的点心，无论是颜色、外形还是包装，都十分考究。

山本一大早就开始制作村上开新堂的点心，去位于麦町的多勘店铺，下午还要去山本道子的店。即便每天都很忙碌，但是山本还是表示与客人见面是自己活力的源泉，是一件很爽快的事情。

商品目录

大理石曲奇饼 ······························ 1580 日元
点心组合 /6 个 ······························ 1180 日元
松子薄脆饼干 /12 枚 ······················· 1330 日元
红酒煮 / 袋装 ······························ 2100 日元
各类果酱 ······································ 950 日元

山本道子的店

☎ 03（3261）4883

千代田区一番町 27 号
从半藏门地铁站步行 2 分钟
营业时间　10 时 ~17 时
休息日　星期日、每月第一周和第三周的星期六及节日
停车场　无
提供地区　配送

6 月的上生果子。从内至外顺时针起是银河、牵牛花、满月，无论哪一个都充满了季节感

上生果子

宝来屋总店

高楼林立的靖国神社道路旁有一幢像商户一样的古风建筑，十分引人注目。本店创立于明治元年（1868），第二任店主塑造了现在和果子店的雏形。这家店从明治到＂二战＂期间因宫家御用商人而闻名。战后此地多用来作为婚礼场地，承办企业、学校的喜事庆典，这些仪式上所需的红白馒头、赤饭受到了附近人们的喜爱。

茶会等场合经常使用的上生果子每月更新，每次大约有 9~10 个品种。本店平时以传统节日和庆典为题材设计出富有设计感的点心，例如七夕限定的上用金团——七夕、黑糖羊羹的银河、雪平的织女等。初春时节，淡粉色和鲜艳的上用金团的花衣、豆沙的千本樱与店铺附近千鸟渊的樱花相得益彰，成为名点。

从外形与颜色都回味无穷的上生果子中体会季节的迁移

松风、板栗最中、云团等可以作为远游的伴手礼

商品目录

上生果子 / 个 ………………………………… 263 日元
松风 / 袋 …………………………………………… 63 日元
云团 / 个 ………………………………………… 158 日元
板栗最中・板栗馒头 /9 个 ………… 1575 日元

宝来屋总店

☎ 03（3261）4612

千代田区九段南 2-4-15
地铁九段下站步行 7 分钟
营业时间　9 时 ~ 18 时（星期六营业至 16 时）
休息日　星期日、节假日
停车场　无
地方配送　支持松风、云团、板栗羊羹等产品配送

店内的布置大方雅致

伴手礼可以选择和风满溢的松风、用烘干小豆馅包裹着带皮小豆馅的云团、板栗用量良心的板栗羊羹和板栗最中。店铺的 100 周年纪念款松风，是受到从葡萄牙传来的西欧点心的启发创作出来的，老少咸宜。

馅料满满甜度适中，精致的金锷点心

金锷点心

一元屋

从新宿大街进入大妻街道，就能看见位于街角的令甜食爱好者垂涎三尺的金锷点心名店。

上一任老板于昭和 30 年（1995）创立了店铺。当时除金锷点心外，还会做薄脆饼干等各种各样耐于存放的果子。后来随着周边办公大楼的增加，店铺开始面向市场，向果子店转型，并于平成 16 年 9 月装修，再度以和果子专卖店面世。

经过多次摸索尝试，最终完成的金锷点心用料讲究，作为内馅的红豆粒粒分明，适宜的软硬度也让人无可挑剔。由于使用了冰糖，所以馅料的甜度和整体的余味都很优秀。根据年份的不同，要对大纳言小豆熬煮的时间进行调整，这关系到产品的质量。通常，决定口味的馅料是无法用机器生产的，这步骤的细致调整工作是由第二任老板——三国宪二先生完成的。熬煮结束后，依靠红豆自身的热量进行第二次熟制，这个步骤可以让馅料的颜色更加饱满有光泽。

位于办公区中央
东京都内屈指可数的金锷点心名店

用于赠送的盒装产品

牢守上一辈口味的三国宪二先生

从正面看只有收银台的清爽的店内布置

商品目录

金锷点心 / 个	147 日元
金锷点心 / 箱装 6 个	882 日元
一元最中 / 个	115 日元

一元屋

☎ 03（3261）9127

千代田区麹町 1-6-6
地铁半藏门站步行 1 分钟
营业时间　8 时～ 18 时 30 分
休息日　星期日、节假日
停车场　无
地方配送　支持

一元屋的金锷点心以优质的冰糖和红豆作为原料，不添加任何添加剂，单独存放一般可以保存三天，装入有脱氧剂的盒子大致可以储存五天。

重新装修后推出的一元最中也十分有名。因为注重口感，所以对金锷点心的做法进行了修改，有大纳言小豆馅和年糕馅两个种类。

品类丰富的刚出炉的烤面包，中午和傍晚经常脱销

花小路 面包

花小路作为代官山的人气店铺与 Chez Lui 的姐妹店，创建于昭和 54 年（1979）。店里自制的面包和 Chez Lui 制作的蛋糕备受好评。

店里每天都提供 100 种以上的面包，除了常驻商品外每周还会推出季节限定款。店铺从创立之始就有两款人气面包：甜咖喱包和辣味咖喱包。甜咖喱包罕有的在面包坯中加入福神酱菜，味道浓厚的咖喱和面包组合得相得益彰。

糕点师中年轻人居多，因此创造出了各种各样极具个性又充满创意的作品。尤其是下午上市的每周替换产品的范围更是由和风跨越到西式，并加入具有话题性的安第斯原产谷物奎藜和番茄，成为本店的特有产品。因软糯的口感而备受女性欢迎的天然酵母面包经过焙烤后更具风味。

店铺内部为面包工坊，角落里还有饮茶区

多种面包每周循环登场 独一无二的人气实力派

商品目录

咖喱包 / 个 …………………………… 168 日元
发酵黄油羊角包 / 个 ………………… 168 日元
天然发酵白面包 / 个 ………………… 283 日元
甘薯 / 个 ……………………………… 315 日元
蒙布朗 / 个 …………………………… 367 日元

花小路

☎ 03 (3263) 0184

千代田区麦町 1-8-8
半藏门地铁站步行 2 分钟
营业时间　8 时 ~ 21 时（星期六、星期日及节假日 9 时 ~20 时）
休息日　元旦
停车场　无
地方配送　可配送各种面包、烤果子、甘薯点心

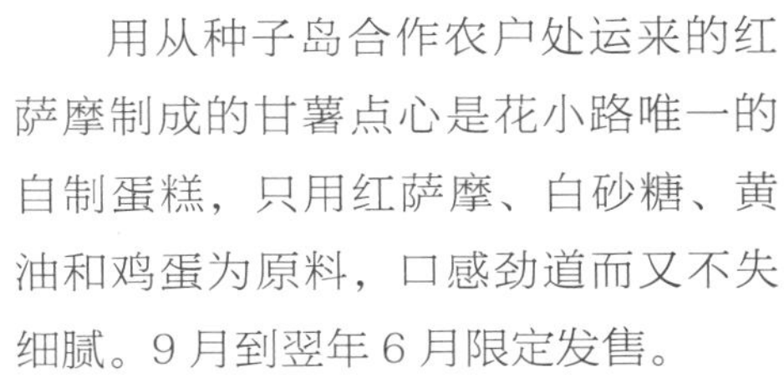

用从种子岛合作农户处运来的红萨摩制成的甘薯点心是花小路唯一的自制蛋糕，只用红萨摩、白砂糖、黄油和鸡蛋为原料，口感劲道而又不失细腻。9 月到翌年 6 月限定发售。

蒙布朗、芝士蛋糕等 Chez Lui 的蛋糕也十分受欢迎

写着“大”字的招牌大丸烧

大丸烧

大丸烧茶馆

创立于战后不久的昭和23年（1948）。招牌产品大丸烧外形与大判烧和金川烧相似，正如它夹心蜂蜜蛋糕的别称，其特征是将湿润的内馅松软地包在面包坯中。作为东京的名点，在神保町甚至到了无人不知无人不晓的地步。

店铺以“不辜负客人，制作出让客人喜爱的味道”为座右铭，创立以来从未进行过扩张。店里产品使用最高级的材料，每个都是亲手制作，诚意满满。店铺别无分店，只能在此一处进行购买。

松软轻薄、香喷喷的外皮不仅使用了小麦粉、鸡蛋、砂糖，还加入了酒和甜料酒（味醂）作为提味作料。为了保持长时间松软，刚出炉的糕点要马上装入薄盒中。产品不添加防腐剂，只用等比例的砂糖和小豆做馅，保质期在一周左右。许多人也将此作为送向海外的礼品。

夹心蛋糕坯与无添加馅料名牌糕点的严肃专注

一如既往地逐个亲手烤制

商品目录

大丸烧 /5 个 ······························ 800 日元
茶・大丸烧套餐 ························· 520 日元
玉露茶・大丸烧套餐 ···················· 570 日元

大丸烧茶馆

☎ 03（3265）0740
千代田区神田神保町 2–9
地铁神保町站步行 3 分钟
营业时间　10 时～17 时 30 分
休息日　星期六、日，节假日
停车场　无
地方配送　不支持

店内有提供日本茶和大丸烧套餐的舒适茶室。味道优良的大丸烧在男性中也有很高的人气。工作日午后也吸引了很多上班途中稍事休息的男性顾客。商店前身原本在百货店里售茶，也许正是因为这个原因吧，店里的茶也十分好喝。由于大丸烧只售卖当日制作的糕点，所以周末傍晚经常脱销，不过如果有预约也可以暂存。如果想细细品尝味道的话，建议购买 5 个以上。

连装饰也很有趣的一口年糕丁，还可提供没有甜味只有辣味的套装

坂口 一口年糕丁

位置在九段靖国路上，创立于昭和 27 年（1952）的煎饼店以手工制作为信条，即便店铺翻新也一直秉持着“追求商品的高质量·精包装·用心售卖”的做煎饼的初心。

店内商品以年糕片和炒年糕丁为主。光是炒年糕丁就有 30 余种，无论哪种都可以按顾客的意愿称重。坚硬的干年糕片是传统的江户味。为了满足那些吃不了过硬的煎饼，但也想品尝坂口风味的年长者，具有令人意想不到清脆口感的仙贝应运而生。将年糕用刨子割下晒干，再经过烤制，烦琐的煎饼就制作完成了。平成 10 年（1998）在全国果子博览会上获得名誉总裁奖的一口年糕丁也对顾客的“想同时吃到各种各样煎饼”的想法做出了反馈。海苔包裹的江户小町、抹茶味道的宇治之友、砂糖点缀的吹雪和小梅等 12 种煎饼放在一起，都做成了小巧易食的模样。因为食用方便，可以一次品尝多种口味，这款点心如今已经成为必备的人气赠答品。

只要入口就停不下来 色香味俱全的各种年糕丁

宽敞店铺里成排放置在陈列橱窗中的年糕丁

商品目录

一口年糕丁 / 袋	600 日元
虾时雨 /100g	450 日元
江户卷 /100g	800 日元
年糕丁罐头 /4 个装	1575 日元
干年糕片罐头 /6 个装	3675 日元

坂口

☎ 03（3265）8601

千代田区九段北 4-1-6

JR 市谷站步行 5 分钟

营业时间　9 时 30 分 ~ 18 时 30 分（星期六营业至 17 时）

休息日　星期日、节假日

停车场　有

地方配送　支持

以干年糕片为主的赠礼用包装，盒内点心可以任意组合

3 种马卡龙，适合送礼的大小

马卡龙 Chei Cima

店主原本在砂糖厂工作。由于在欧洲遇到了砂糖果子的缔造者，所以便斗志昂扬地开始专门向洋果子店推销粗粒白砂糖，但是销路不畅，因此，店主于昭和 63 年（1988）自己创立了一家洋果子店，这就是 Chei Cima 的由来。一般情况下，洋果子多使用细砂糖和粉糖，粗粒白砂糖则用于馅料和羊羹。但是将结晶较大、无杂质的粗粒白砂糖碾成粉后，可以做出上等的点心。

店主的第一次尝试是用粗粒白砂糖制作马卡龙。马卡龙是具有代表性的法国糕点之一。虽然按照日本馒头的制作方法生产的糕点也有其风味，但是 Chei Cima 的马卡龙会在口中微微融化，随之而来的是粗粒白砂糖带来的上等甘甜感受，这也是其优点。马卡龙有黑茶藨子甜酒与抹茶、巧克力等 7~8 个种类，鲜艳的配色也充满乐趣。

洋果子中使用和式食材创造独特的口感与甘甜

在 15 种生蛋糕中以高度吸引大家目光的蒙布朗

商品目录

马卡龙 / 个 ……………………………… 132 日元
马卡龙 / 巴黎套装（8 个）………… 1050 日元
银座的石畳 /12 粒装 ………………… 1050 日元
石畳 & twiggy bitter ……………… 2100 日元
蒙布朗 / 个 ……………………………… 473 日元

Chei Cima 市谷总店

☎ 03（3222）4031

千代田区九段南 4-5-14
JR 市谷站步行 5 分钟
营业时间　10 时 ~19 时 30 分（星期五营业至 20 时，星期六营业至 17 时）
休息日　星期日、节假日
停车场　无
地方配送　除生蛋糕外

此外，在巧克力、烧果子、生蛋糕等一系列糕点中，最出名的是限定情人节巧克力·银座的石畳。生巧的顺滑口感在女性中掀起了热烈的浪潮，现在也是年度人气商品。

银座的石畳（左）和微苦的 Twiggy bitter 的组合十分时髦

帝国宾馆引以为傲的口味·夏里亚宾风味烤派

夏里亚宾风味烤派 Gargantua

以“在家就可以享受到帝国宾馆的味道”为广告语，Gargantua可以将宾馆女仆的料理、面包、蛋糕以及教科书式的罐头、曲奇、咖啡等帝国宾馆独有的味道轻松打包带回家。

平成15年（2003），趁着店铺重新开张的机会推出了牛菲力制成的夏里亚宾风味烤派。夏里亚宾（Chaliapin）曾经是风靡一时的俄罗斯知名歌剧歌手，昭和11年（1936）来日在下榻帝国宾馆时，为了迎合他的需求，当时的筒井主厨首创了此菜式，品尝了烤肉的夏里亚宾非常感动，便经常点这道菜。由此而得名的夏里亚宾烤肉至今仍是代表帝国宾馆的有名料理之一。派里紧紧锁住夏里亚宾烤肉细腻的味道，将嫩菲力煎制，放入洋葱提鲜，与前菜、主菜都十分相宜。

蓝莓派是开业以来的长期畅销产品。脆脆的饼皮中包

可以在家里享受的特有知名料理

蓝莓派是固定的人气商品

商品目录

夏里亚宾风味烤派 …………………… 2100 日元
蓝莓派 9 厘米 …………………………… 630 日元
板栗塔 …………………………………… 3150 日元
乡村风味莓子塔 ………………………… 3150 日元

宾馆店铺 Gargantua

☎ 03(3539)8086

千代田区内幸町 1-1-1 帝国宾馆总店 1F

JR 有乐町站步行 5 分钟

营业时间　10 时 ~19 时
休息日　无休
停车场　帝国宾馆付费停车场
地方配送　不支持(罐头、曲奇等可以配送)

裹着满满的、香气四溢的蓝莓，直径从 9 厘米到 18 厘米，有三种大小。

每天烤制的面包除了有在世界大会上获得过金奖的皇室蜜柑甜点，还有硬质点心系列的丹麦酥等大约 40 个品种。

帝国宾馆每年都会举行公司内部竞技赛，荣获金奖的糕点将会作为新品种在橱窗中进行展示。

记者时代记忆中的店铺

由于先前的战争，位于小石川的老家烧毁后，我暂时住进了麦町。我自昭和 30 年开始就以美食记者的身份在骏河台工作，所以在千代田区有很多怀念的店铺。鹤屋八幡就在距我家大概有四五分钟路程的地方，我与东京和果子不同的京都和果子就这样不期而遇了。要问究竟哪里不同的话真的很难回答，也许可以归纳为京都是雅致，东京是纯粹吧。例如，将传达季节变化的春天的樱花，秋天的红叶熬炼成点心，将黏性强的佛掌薯蓣等山芋蒸煮后进行包裹，加入砂糖，这种精制而成的白豆沙馅是以京都为中心的关西系。另外，关东系是将白小豆和白豆煮熟后进行包裹，除砂糖外还一并加入年糕和寒梅粉等材料制成白豆沙馅。多用于茶会的京都点心需要在当天吃完，而东京的点心里据说加入了特殊的材质，因此更耐存放。麦町虽然有能做出内馅丰润的金锷点心的一元屋、宫内厅御用的村上开新堂的五色奶油小泡芙和金光闪闪的果冻等让人怀念的美味，但是得知最近道子师傅的店铺也可以买到烧果子的时候，还是让人喜出望外。

◉中央区

日本橋・人形町・京橋
大手町駅
日銀
三越前駅
日本橋
本石町
日本橋
室町
玉英堂
彦九郎(P46)
神茂(P52)
山本海苔店(P56)
本町二
総武快速線
山手・京浜東北・中央線
新大手町
ビル
日本ビル
三越
中央通り
常盤橋
三越前駅
首都高速都心環状線
江戸橋北
大手町
丸の内一
丸の内
オアゾ
呉服橋
出入口
日本橋川
日本橋
江戸橋
出入口
丸の内
呉服橋
地下鉄東西線
永代通り
榮太樓總本舗本店
(P34)
江戸橋南
日本橋局
千代田区
外堀通り
日本橋
コレド
日本橋
日本橋駅
江戸橋一
日本橋駅
東京駅
大丸
八重洲
丸善
日本橋
高島屋
日比谷
公園
地下鉄三田線
日比谷駅
八重洲中央口前
八重洲通り
中央区
昭和通り
地下鉄浅草線
地下鉄千代田線
城東小
京橋千疋屋
京橋本店
(P50)
ブリヂストン
帝国
ホテル
中央通り
地下鉄銀座線
宝町
出入口
首都高速都心環状線
千代田区
パシフィック
センチュリープレイス
京橋
東京駅
鍛冶橋
京葉線
鍛冶橋通り
京橋駅
八丁堀
内幸町
宝町駅
東海道・山手・京浜東北線
高島屋
日本橋
日本橋駅
茅場町
永代通り
日本橋
小網町
中央警察署
茅場町駅
日本橋川
地下鉄浅草線
昭和通り
首都高速都心環状線
坂本町公園
阪本小
日本橋
茅場町
茅場町駅
地下鉄日比谷線
地下鉄東西線
日本橋
兜町
霊岸橋
土橋
入口
新川一
平成通り
鉄鋼会館
亀島川
新橋駅
中央区
新大橋通り
新亀島橋
八重洲通り
茅場町
梅花亭本店
(P44)
霊岸島
新川
新橋駅
明正通り
八丁堀
八丁堀

銀座
日本橋堀留町
堀留公園
人形町通り
地下鉄浅草線
浜町公園前
浜町公園
人形町
人形町駅
日本橋人形町
人形町 志乃多寿司總本店 (P62)
甘酒横丁
にんぎょう町 草加屋 (P64)
清洲橋通り
日本橋小舟町
清寿軒 (P42)
板倉屋 (P30)
地下鉄半蔵門線
甘酒横丁
小舟町
日本橋小
新大橋通り
日本橋浜町
重盛永信堂 (P222)
三原堂本店 (P48)
水天宮前
水天宮
蛎殻町公園
有馬小
東証取引所
日本橋小網町
地下鉄日比谷線
水天宮前駅
日本橋兜町
蛎殻町
日本橋蛎殻町
T-CAT
日比谷
有楽町駅
東京交通会館
銀座一丁目駅
有楽町
日比谷駅
地下鉄丸ノ内線
銀座一
有楽町マリオン
プランタン銀座
柳通り
日比谷シャンテ
横須賀線
地下鉄銀座線
地下鉄有楽町線
銀座二
銀座駅
銀座
数寄屋橋
泰明小
松屋
マロニエ通り
銀座三
銀座手芝屋 (P54)
銀座駅
三越
松屋通り
地下鉄浅草線
チョウシ屋 (P38)
三愛
銀座四
ピエール マルコリーニ銀座 (P60)
銀座ぶどうの木 (P58)
ウエスト銀座本店 (P32)
銀座菊廼舎本店 (P36)
中央通り
銀座五
並木通り
外堀通り
みゆき通り
松坂屋
三原橋
東銀座駅
歌舞伎座
首都高速都心環状線
銀座六
交詢社通り
資生堂パーラー銀座ショップ (P66)
銀座七
地下鉄日比谷線
銀座出口
ADK松竹スクエア
御門通り
銀座博品館
花椿通り
中央区
晴海通り
銀座八
昭和通り
東京高速道路
新橋出入口
銀座東七
新橋演舞場
京橋局
新橋
清月堂本店 (P40)
銀座入口
築地
築地四
新大橋通り
地下鉄大江戸線
新橋駅
汐留シオサイト
銀座中
国立がんセンター

人形烧和卡斯特拉烧，七福神的样貌都胖嘟嘟的

人形烧
板仓屋

人形町原本只作为水天宫的门前町开放，有许多卖伴手礼点心的店铺。在形形色色店铺的各式各样点心中，人形烧与馒头、最中并列，是人气最高的水天宫伴手礼之一。时至今日，仍有三家人形烧店铺在营业。其中有一家叫作板仓屋的老字号，创建于明治 40 年（1907），店内配有生产车间，在店铺里就能看到人形烧的制作过程。

老板藤井义己是店铺的第四代传人，他不仅传承了老一辈的作业过程，还加入了自创的烤制方法。人形烧的外形依旧是从前流传下来的七福神。为了使色泽恰到好处而又滋味鲜美，人形烧的烤制过程必须十分谨慎。

在红豆紧俏的战争时期创造出的卡斯特拉烧，在某种意义上可以说是一种没有馅料的人形烧。不添加任何食品添加剂的微甜口感老少咸宜，十分有人气。可以直接食用，也可以淋上用烤箱加热过的黄油、枫糖浆、果酱等辅料，会让其更加美味。

丰满的七福神喜笑颜开 拥有温柔口味的传统名点

手烤过程遵循传统方法

味噌煎饼（右）、砂糖芯卷（左上）和生姜小吃

商品目录

人形烧 / 5 个 ································ 450 日元
卡斯特拉烧 / 袋 ···························· 300 日元
味噌煎饼 / 袋 ································ 300 日元
砂糖芯卷 / 袋 ································ 300 日元

板仓屋

☎ 03（3667）4818

中央区日本桥人形町 2-4-2
地铁人形町站下车即到
营业时间　8 时～21 时
休息日　星期日、节日
停车场　无
地方配送　支持

除了招牌的人形烧、卡斯特拉烧，香喷喷的煎饼也备受好评。将硬砂糖芯用煎饼包裹卷成筒状的砂糖芯卷、味噌煎饼、兼有生姜的辛辣和清爽的生姜小吃、具有清脆口感的鸡蛋煎饼等，都确确实实是没有多余装饰的、令人怀念的东京下町口味。

泡芙是“这样也可以吗”的存在

泡芙
WEST

WEST 的干蛋糕（Dry Cake）声名远扬，可以说是东京伴手礼的传统商品了。店铺以饭店的面貌于昭和22年（1947）开业。但是开业半年后，由于实行了禁止高级商品目录的都条例，所以只剩点心部，于是以咖啡馆的形式再度面世。当时的主打产品是生蛋糕，但是由于西银座地下停车场施工，所以营业额一再下滑。万般无奈之下只能开始生产干蛋糕，却意外地收获了大量好评，成为现在的明星产品。

位于银座7丁目的银座总店，外面是商店，里面是咖啡厅。商店的陈列橱窗里最引人注目的就是有成年人拳头大小的、巨大的泡芙。

咖啡厅的室内照片

拥有沉甸甸的分量 只一个就有两倍满足感

蒙布朗、巧克力等不同的标准生蛋糕

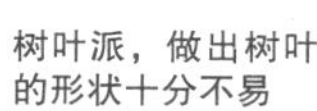
树叶派，做出树叶的形状十分不易

薄薄的泡芙皮里包裹着满满的蛋奶羹，微甜的味道与黑咖啡和红茶十分相配。这个大小与口感令人垂涎，多年来也拥有众多的男性粉丝。馅料为生奶油的奶油泡芙，还有戈尔贡左拉奶酪（Gorgonzola Cheese）口味的戈尔贡左拉泡芙都可以外带，当然也可以在具有古典气息、氤氲着昭和时代氛围的咖啡馆里点一杯饮品，细细品味。

在各种各样的干蛋糕中，树叶派尤其受欢迎。据说为了塑造树叶的形状，要将派的原料反复折叠 256 次。对于费时费力的树叶派来说，爽脆轻盈的口感是其灵魂所在。树叶派有装入 10~45 枚不同数量包装，除此之外还有只有二分之一大小的小树叶派。

商品目录

泡芙・蛋奶冻 / 个 ………………………… 399 日元
奶油泡芙、戈尔贡左拉泡芙 / 各 1 个 … 399 日元
树叶派 /10 个装 ………………………… 1365 日元
小树叶派 / 箱 ………………………… 2415 日元
茶饮・咖啡蛋糕组合 ………………… 1050 日元

WEST 银座总店

☎ 03（3571）1554

中央区银座 7-3-6
地铁银座站 C3 出口步行 3 分钟
营业时间　商店 9 时～翌日 1 时、咖啡店 9 时～23 时（星期六、日、节假日 12 时～21 时）
休息日　无休
停车场　无
地方配送　泡芙、小树叶派不支持配送，干蛋糕支持配送

白中透着淡绿的上等玉簾

玉簾

荣太楼总店

代表日本桥的传统老店荣太楼总店起初是以在日本桥鱼河岸工作的人们为对象，于摊位上售卖金锷点心的。第一任店主细田荣太郎于安政4年（1857）创立店铺。初代创制的玉簾、甘名纳糖和梅干饴味道自不必说，外观也十分赏心悦目，售卖之初就引发了讨论，无论过去还是现在都是人气十足的传统和果子。

玉簾是以年糕包裹，以山葵入馅，透着些许绿色、味道清凉的果子。山葵的香气和温和的辛辣感与日本茶十分相配，也多用于茶会。

将用来做赤饭的金时豇豆仔细用砂糖煮制后形成的甘名纳糖，可以说是甜纳豆的鼻祖，也可用作正月和吉事的喜糖。

用红色圆形罐装、大家熟知的梅干饴，据传是传教士弗朗西斯科・沙勿略将南洋砂糖果子与日本风味相结合制

日本桥的总店，旁边有茶室

金锷点心保持了从初代开始一如既往的味道和外形

色泽、外形都惹人喜爱的梅干饴是荣太楼的招牌产品

以悠久历史著称的江户和果子
因传统口味和全新创意焕发生机

作出的有平糖。红色饴糖无论是颜色还是外形都与梅干相似，由此得名。

店铺还于昭和40年左右开发出了罐装的水羊羹和蜜豆。虽然荣太楼总店人气兴旺，但是对于商卖仍不忘初代的满满诚意，坚持用新技术制作传统口味的和果子。

商品目录

玉簾 /3 个装 ······ 2310 日元
金锷 / 个 ······ 158 日元
甘名纳糖 / 个 ······ 525 日元
梅干饴 / 罐 ······ 294 日元

荣太楼总店

☎ 03（3271）7781

中央区日本桥 1-2-5
地铁日本桥站步行 1 分钟
营业时间　9 时 ~18 时
休息日　星期日、节假日
停车场　无
地方配送　支持（除金锷外）

大获好评的绘有喜庆图案的罐装寄赤罐

富贵寄

银座菊廼舍

如果说京都和果子用细致的颜色和形态表现季节的迁移，那么江户的和果子可以说是吸取了江户文化的精华——“粹”。其独特的洒脱和趣味，尤其是细致的手工艺品更是留下了浓墨重彩的一笔。银座菊廼舍创建于明治 23 年（1890），继承了江户文化的精华，数年如一日地制作着和果子。

大正 5 年（1916）首创的代表名果：富贵寄，是薄荷糖、和风曲奇、落雁等30种左右的小干果子组合在一起的“什锦”，每粒都可以感受到不同的形状、色彩、口感和味道。店铺还有加入了砂糖花生、黑豆、金平糖等 40 种左右果子的新富贵寄，也得到了好评。原本的富贵寄是蓝色包装，新富贵寄是红色包装，从小袋装到大罐装各种款式应有尽有。如果用于赠答，可以入手绘有万宝槌、钱箱等吉庆图案的圆罐。

最近流行于年轻人之中的炸夏威夷果馒头是将红豆馅

有三十至四十种可爱的干点心
品尝江户各式味道

传统和创新相得益彰的炸夏威夷果馒头

的点心沾满夏威夷果，直接下锅油炸。和洋互补的新口味不仅在总店大获欢迎，连东京站名店街也供不应求。

商品目录

蓝罐富贵寄 ………………………… 1050 日元

红罐富贵寄 ………………………… 1260 日元

炸夏威夷果馒头 / 个 ……………… 157 日元

银座菊廼舍总店

☎ 03（3571）4095

中央区银座 5-8-8 银座 B1 区

地铁银座站 A4 出口即是

营业时间　11 时～ 20 时

休息日　无

停车场　银座付费停车场

地方配送　只支持富贵寄

集合了丰富的季节之味，图片采于夏日橱窗

2代·3代可乐饼仍保留着从前的味道，松软美味

铫子屋 可乐饼

银座南部曾被叫作木挽町的地方至今为止仍可以感受到下町气息。铫子屋就是町内一角的精肉店，乍一看与随处可见的店铺没什么区别。但是，这家店铺正是家常菜的帝王——马铃薯可乐饼的鼻祖。

出生于千叶县铫子的初代店主阿部清六于昭和2年（1927）在今日店铺所在地的旧木挽町建立了此店。因为有在日比谷西餐厅工作的经验，以此为灵感创造了全新的可乐饼。当时的可乐饼是奶油可乐饼，是只能在西餐厅吃到的高级料理。阿部清六以此为蓝本费了一番工夫，最后将马铃薯与肉馅混合做成扁平的椭圆形，再放入油锅内炸熟。这样做出来的马铃薯可乐饼的价格仅仅是西餐店价格的十分之一。马铃薯可乐饼一经推出立即受到了大家的喜爱，店门前也排起了长蛇般的队伍。清六先生爽快地将配方公之于众，使得马铃薯可乐饼一时间在全国各地声名鹊起，

因油炸食品名声大噪
地道的银座之子·可乐饼

可乐饼包在午餐和茶点时间都有超高人气

与可乐饼绝配的调味料

传统的味道在第三任店主手中继续传承

商品目录

可乐饼 / 个	130 日元
可乐饼包 / 个	220 日元
炸肉饼 / 枚	140 日元
火腿肉饼 / 枚	130 日元

铫子屋

☎ 03（3541）2982

中央区银座 3–11–6
地铁东银座站步行 2 分钟
营业时间　11 时 ~14 时 30 分、16 时 ~18 时
休息日　星期六、日、节假日
停车场　无
地方配送　不支持

随后＂可乐饼 = 马铃薯可乐饼＂便这样固定下来。

鼻祖马铃薯可乐饼要在凌晨 4 点开始制作，所有的工序都要从将男爵马铃薯用手逐个清洗开始。将马铃薯、肉馅和洋葱混合，放入盐和胡椒进行调味，最后用猪油炸至松脆，就成为白天顾客排着长龙抢购的银座可乐饼。将其夹在纺锤形面包和白面包中做成可乐饼包，也是会勾起乡愁的味道。

小利文，松软清脆的精致点心

小利文

清月堂总店

店铺于明治 40 年（1907）在旧京桥区木挽町创立。开业不久的 8 月份，水羊羹和樱叶葛点心上市。周围有很多料理屋，又正值酷暑，所以商品供不应求。从那以后，应季的生果子便作为伴手礼受到了人们的广泛喜爱。

不依赖老字号的传统口味，而是将“一代一果”作为心得，自己创造新果子。现在的第四任店主也将新口味的创作加入了日程。

将蛋黄馅用红豆馅包裹蒸制的小利文是第三任店主创造的本店的代表名果。松软入口即化的口感和三盆糖的微甜使之成为上等品。除此之外，还有拥有使用盐渍樱花之丽、纪州梅和豆馅混合制成的梅馅之清、研磨成粉的新茶和宇治抹茶的浓香、抹茶馅之萌等，充满着季节变换之感的时令小利文。

有用黑芝麻制成馅料的香喷喷的黑芝麻饼、有加入碎

馅料松软清脆 惹人喜爱的上等和果子

一起品尝应季和果子与抹茶

板栗的板栗派·银座DAYORI、将清淡的小豆馅制成四边形的东银座等，还有很多其他东京风味的精致小果子。

二楼的茶室还可以享受每月更替的上生果子抹茶套餐。

气派安静的店内环境

商品目录

小利文 /5 个装 ·········· 525 日元
应季小利文"稔"/4 个装 ·········· 630 日元
芝麻饼 /5 个装 ·········· 630 日元
茶与应季和果子套餐 ·········· 788 日元

清月堂总店

☎ 03(3541)5588

中央区银座 7-16-15
地铁东银座站步行 5 分钟
营业时间　8 时 30 分 ~19 时（星期六 9 时 ~18 时）
休息日　星期日、节假日
停车场　无
地方配送　支持

烤至颜色微深，令人忍不住伸手去取的铜锣烧

清寿轩 铜锣烧

店铺创立于江户末期文久元年（1861），即便在日本桥都是首屈一指的老字号，但却少有人知晓此店。本店战后也没进行零售，作为接待用的伴手礼等只对日本桥周围花柳界进行售卖。但是随着时代的变迁，现在主要是以面向大众零售为主。

第七任店主日向野政治先生每天很早就要开始烤制招牌铜锣烧。加入了蜂蜜的松软外皮包裹着满满的馅料，椭圆形的铜锣烧无论是外皮还是内馅都是手工制作。根据烤制火候的不同，外皮也会呈现出不同的浓淡色泽。馅料的甜度迎合了现代人的口味，口感清淡、回味无穷。

店铺没有正式的宣传，仅凭借顾客的口碑口口相传。最近看到了网络评价从远方慕名而来的顾客也很多。因为在常温下可以存放4天，所以也适合作为带去地方的伴手礼。

追求隐匿于世名店之美味
依靠口口相传顾客云集而来

板栗馒头馅料满满、色泽鲜艳

年轻的日向野政治先生（右）与父亲修三先生一起守护店铺

商品目录

铜锣烧 / 个 ································ 210 日元
板栗馒头 / 个 ······························ 210 日元

清寿轩

☎ 03（3661）0940

中央区日本桥小舟町 9–16
地铁三越前站或者人形町站下车步行 5 分钟

营业时间　10 时 ~18 时 30 分（售完打烊）
休息日　星期六、日、节假日
停车场　无
地方配送　支持

夹在高楼中的和风店铺格外引人注目

板栗馒头是与铜锣烧并列的店铺的得意之作，馅料十足，让人产生在直接品尝板栗的错觉，享受松软温热的食感。

蓬松盛开，颜色也很讨人喜欢的梅子最中

梅花亭 梅子最中

生来就喜爱甜食的梅花亭建立者在从长崎归来的荷兰学者宇田川兴斋处听说西洋人喜欢烧果子，于是自己研究了一种类似于烤面包炉的锅，专门用来做馒头。嘉永6年（1853），正巧赶上佩里乘船来到浦贺，对充满异国风情的和果子给予了很高的评价。这就是今天热卖的亚墨利加万头，据说是现在板栗馒头等糕点的原型。

时代在前进，到了昭和之初，当时的第6任店主创造了现在店铺的招牌点心——梅子最中，外形是松软可爱的梅花形象。与梅子最中内馅相应的，有白色、桃色、茶色等颜色的外皮，充满了美妙的情趣。第6任店主还创制了白色馅料的亚墨利加万头的姐妹产品——将黑豆馅用蛋白酥皮包裹而制成的法兰西万头等，店家坚持创造出崭新的富有创意的和果子。

铜锣烧是明治初期第2任店主制作出的传统点心。虽

捕捉时代的影像 消遣至上的名果

逆时针依次是亚墨利加万头、法兰西万头、华夫饼、铜锣烧

商品目录

梅子最中 / 个 …… 158 日元
亚墨利加万头 / 个 …… 158 日元
法兰西万头 / 个 …… 158 日元
铜锣烧 / 个 …… 210 日元
华夫饼 / 个 …… 210 日元

梅花亭总店

☎ 03（3551）4660

中央区新川 2-1-4
地铁茅场町站步行 3 分钟
营业时间　9 时 ~17 时（星期六营业至 15 时）
休息日　星期日、节假日
停车场　无
地方配送　支持

然很长时间没有制作售卖，但是平成 10 年（1998），有一家杂志社在古书上知晓了铜锣烧的存在并进行了订购，于是店家查阅了至今残存的资料，对其进行复原，成为难得一见的珍品。

气氛亲民的店铺

玉馒有红白两种，3 层内馅是升级版本

玉馒

玉英堂彦九郎

本店是天正 4 年（1576），京都、三条大桥畔创立的国内首屈一指的老字号店铺。特供御所的洲滨果子（洲滨果子是用糖浆、大豆粉、白砂糖等材料制成，横切面是洲滨形状的棒状点心）获得了御洲滨司的称号。

东京的第一个分店建立于昭和 29 年（1954），位于涉谷、东急百货所在的东横野良街。后来搬到了人形町，又于平成 16 年（2004）搬到了现在的所在地。在东京营业的半个世纪里，店铺一直秉承着传统制作回味无穷的名果。

玉馒尺寸较大，中央包裹着板栗，三种颜色的馅料形成了三个分层，只需品尝一口就可以体会到口感的差异和馅料丰富的味道。用熬切豆沙制成的松竹梅作为点缀，和玉馒搭配做出的蓬莱山用于喜庆佳节，需要预约。

如果要选择适合作为伴手礼和茶点的点心，推荐虎家喜。这是一种用石蜡纸包装的铜锣烧。剥掉外包装就可以

如彩虹般的三色馅料弥漫着都城雅趣的馒头

松软外皮包裹着紧致内馅的虎家喜，线条款式十分受欢迎

商品目录

玉馒 / 个 ………………………… 550 日元
蓬莱山 / 个 ……………… 2500 日元（需预约）
虎家喜 / 个 ………………………… 220 日元
洲滨团子 /12 个装 ………………… 1100 日元

玉英堂彦九郎

☎ 03（3272）5687
☎ 03（3666）2625
中央区日本桥室町 1-12-11
地铁三越前站步行 2 分钟
营业时间　9 时 ~21 时（星期日、节假日 10 时 ~17 时）
休息日　第三个星期日
停车场　无
地方配送　支持

清晰地看到老虎模样的条纹。这需要费心劳力地制作馅料，一如既往地逐个手工制成。

以熬制大豆粉和砂糖蜜制作的本店传统洲滨果子原本是种棒状点心，现在已经改良为三色洲滨团子。

牢守老字号招牌的年轻店主今江康人

古地层中采集的岩盐是上等咸味的关键

会不知不觉爱上、让人无法自拔的盐煎饼

盐煎饼

三原堂总店

本店位于因保佑安产、驱除水难、火难之神而闻名的水天宫的门前，建立于明治前期。当时水天宫是旧久留米藩主、有马家的私有神社，只允许5之日进行参拜。因此，此店铺取得了水天宫的许可，在5之日之外的时间里为前来参拜的人分发护身符。

宽阔的店内有着洋果子和果子等种类繁多的商品

因此，制作的御守最中仿照护身符的样式，在圆形的外皮里加入十胜产的红豆，口感甘甜，颗粒饱满。尺寸有大小两种，戌日时人声鼎沸，

御守最中精选北海道十胜馅料

展示了与水天宫特殊缘分的御守最中

需要排队购买。

店铺内还有熬制好的羊羹、松软的铜锣烧、在和果子中加入充满季节感的各色上生果子，还有从战前流传下来的洋果子，果子的品种十分丰富。

店里受欢迎的还有盐煎饼。拥有香脆口感的薄烧煎饼略带咸味，十分适合作啤酒类的下酒小菜。材料中的盐是从2亿3000万年的地层中采集的无刺激、口感柔和的岩盐。柜台上有岩盐的实物展示。

商品目录

盐煎饼 / 箱装 27 个 …………………… 1050 日元

御守最中（小）/9 个装 ……………… 1305 日元

铜锣烧 /6 个装 ………………………… 1355 日元

三原堂总店

☎ 03（3666）3333

中央区日本桥人形町 1–14–10

地铁人形町站或水天宫站步行 1~2 分钟

营业时间　9 时 30 分 ~19 时 30 分（星期日、节假日至 18 时）

休息日　元旦

停车场　无

地方配送　支持

皇室网纹甜瓜冰糕，外形像一个甜瓜

皇室网纹甜瓜冰糕
京桥千匹屋

虽然不会轻易买来自己享用，但是作为被赠送的一方会十分开心，可以想象到奢华冰果体验——皇室网纹甜瓜冰糕。在 24 个小时之内，将从合作农家运来的高品质网纹瓜整个加工。熟透的果肉有着惊人的口感。随后将挖空果肉后的瓜皮作为容器使用，由于熟透的瓜皮比较软，所以需要使用没有熟透的瓜的皮。也就是说，制作一个冰糕需要奢侈地使用 2 个网纹瓜。将冰糕从冰柜中取出，室温放置 30 分左右就可以食用了，1 个冰糕大概是 4~5 人份。虽然中元节时会额外制作一些冰糕，但是由于费时费力，所以基本上还是要提前预约。

以水果专卖店闻名的京桥千匹屋除了售卖用于赠答的传统水果混装礼盒，还售卖冰激凌、水果果冻、慕斯、果酱等。有普通的水果制品，其中包括香草、草莓、芒果等各种自制的冰激凌，与此同时，还设置了水果茶室，可以

每个点心需要两个甜瓜 极尽奢华的赠答佳品

成排的应季精品水果

一家人一同享用，人气十足，受到了广泛好评。

商品目录

皇室网纹甜瓜冰糕 / 个 …… 15000 元（需预约）
自制冰激凌 /9 个 …… 3990 日元
窑出蛋糕套装 …… 4200 日元
自制水果果冻 /6 个 …… 4725 日元

京桥千匹屋京桥总店

☎ 03（3281）0300

中央区京桥 1-1-9
JR 东京站八重洲出口步行 5 分钟
营业时间　9 时 ~ 20 时（星期六 11 时 ~18 时）
休息日　星期日、节假日
停车场　无
地方配送　支持

水果以外的赠答品也十分丰富，内有水果茶室

手工制作半平纯净洁白，如同高级和果子

手工制作半平

神茂

本店创立于元禄年间（1688—1704），位于日本桥鱼河岸一角。一直以来致力于白物（手工制作半平、鱼卷、鱼糕等总称）的制作，神茂在战前一直承接皇室御用点心，是东京有代表性的熬制食品名店。其中，手工制作半平最为知名，时至今日还有熟练的糕点师在本店地下的工厂里制作点心。

手工制作半平一般会给人松软扎实的印象，但神茂手制半平的味道却有所不同。虽然清淡，但是经过精挑细选的材料风味确实与众不同。

将鲨肉用石臼捣碎，与日本山药、蛋白混合，随后进行过滤，用一种叫作木刮子的板子敲打成形。神茂的手工制作半平并不是平整的，一面有山包状隆起正是它的特征。推荐在轻微烤制后搭配芥末酱油食用，因为点心中加入了盐，直接食用亦很美味。

弹性十足松软厚实 清淡的味道里有无穷的回味

虾卷、鹌鹑蛋等各种关东煮

种类丰富的关东煮是战后才出现的。将虾逐个手工去除虾线，做成虾卷。除了虾卷和鹌鹑蛋，牛蒡、竹轮、面筋也是关东煮中不可缺少的食材。

商品目录

手工制作半平 / 枚 ………………………… 367 日元
极品鱼糕 / 根 ………………………… 2100 日元
关东煮 / 袋 ………………………… 630 日元
什锦关东煮 ………………………… 3675 日元

神茂

☎ 03（3241）3988

中央区日本桥室町 1-11-8
地铁三越前站步行 2 分钟
营业时间　10 时 ~18 时（星期六营业至 17 时）
休息日　星期日、节假日
停车场　无
地方配送　支持

手制半平需要手工作业

透明的外表透出丝丝凉意的两种奢华果冻

奢华果冻

银座千匹屋

以水果专卖店闻名的银座千匹屋建立于明治 27 年（1894），并于大正 2 年（1913）建立了第一个水果茶室。店铺从水果鸡尾酒得到灵感制作出了水果宾治。一方面使得水果作为甜点固定下来，另一方面也同时承担了丰富日本饮食文化的重要作用。

店铺一层的水果商店除了有礼品水果，还有果汁、果冻等加工产品，都是充满了季节感的赠答佳品。

包含着时令风味的当季水果果冰

水果店的冰柜格外引人注目。挖空了果肉的橘子和

水果专卖店居然有如此美味新鲜的果冻

一层水果店摆放着满满的应季水果

赠答用的传统商品、果酱和水果蜜饯

商品目录

奢华柑橘果冻 / 个	630 日元
奢华葡萄果冻 / 个	735 日元
水果果冻时令版 15 个	5250 日元
水果罐头白桃、洋梨、樱桃各一个	1575 日元
什锦果酱三个装	2500 日元

银座千匹屋

☎ 03（3572）0101

中央区银座 5-5-1
地铁银座站 B5 出口步行 1 分钟
营业时间　9 时 30 分 ~20 时（星期日、节假日　11 时 ~18 时）
休息日　无
停车场　无
地方配送　支持（奢华果冻除外）

葡萄皮就原封不动地作为容器加工做成了奢华果冻。色香味柔和的柑橘类果冻放在各种各样的果皮容器中。夏天果冻的透明感确实会带来一丝凉意，但也正是由于果皮容器，果冻的保质期很短。店铺里还有伊予柑橘、麝香葡萄、草莓果冻等，顺应时令的水果果冻季节感明显，用来送礼再适合不过。一年四季都十分受欢迎。

果汁、果酱、干果、罐头等也充实了店铺的伴手礼品种。由应季水果放入糖浆中制成的罐头，将其放入冰激凌和酸奶里别有一番风味。

自从有了单次使用的包装，烤海苔也成了赠答佳品

梅之花

山本海苔店

正如我们所知，有“干紫菜”之称的海苔是江户、东京从古至今的有名产品。利根川、荒川、六乡川（多摩川）由此流入江户湾（东京湾），所以此处海水营养丰富，是绝好的海苔养殖基地，其中品川是第一大生产地。

嘉永 2 年（1849）在日本桥创立的山本海苔店将品质不一的海苔根据质量进行分类，划定等级，在明治 2 年（1869）天皇巡幸的时候创造了味附海苔。现在只要提起海苔，山本这个品牌就会出现在大家的脑海里。

顺便一提，山本海苔店的注册商标——梅，是因为梅花开放的时节正是江户前特级海苔采集的时间段，因此故意设计成现在的模样。

罐装的山本海苔分为特选、特级等各个档次，精选极上烤海苔、味附海苔是梅之花的代表，是漫漫历史中山本海苔店最引以为傲的作品。

绝无仅有的香味与口感 继承了江户前风格的烧海苔和味附海苔

宽敞的店铺，入口处有烧海苔的制作过程演示处

日本桥三越前的山本海苔总店的卖场既有家庭用海苔，又有赠答用的精包装高级海苔。店铺里还会实际演示烤海苔的制作过程，售卖刚出炉、香喷喷的烤海苔。

除此之外，还有大正时代复刻的罐装包装和亲手采集的天然岩海苔做成的佃煮。

极上品的岩海苔佃煮虽然价格较高，但是味道鲜美，搭配米饭让人欲罢不能。每两月生产一次，且产量极少。

极上岩海苔佃煮（前）、烤海苔（右上）和复刻版罐装烤海苔

商品目录

梅之花 1 号罐 /2 瓶装 ………………… 5250 日元

极上岩海苔佃煮 /80g………………… 2730 日元

烧海苔 / 罐装 ……………………………… 1050 日元

山本海苔店

☎ 03（3241）0261

中央区日本桥室町 1-6-3

地铁三越前站下车即是

营业时间　9 时 ~18 时 30 分

休息日　正月初一、初二、初三

停车场　无

地方配送　支持

藤装白拉拉是一款至今无出其右的芝士蛋糕

藤装白拉拉

银座葡萄之木

银座葡萄之木建立于昭和 55 年（1980），是日本国内首个甜点专卖店。引以为豪的藤装白拉拉是一种又像冰激凌又像豆腐的不可思议的芝士蛋糕。将非熟化的新鲜芝士、生奶油和蛋白酥皮混合，注入覆盖了防水薄膜和滤纸在竹筐上，依靠芝士自身的重力自然分化排出水分，成为风味独特的佳品。

新鲜芝士所特有的水润感，夹杂着隐约柔和的酸味。商品可以直接食用，如果加入水果就更加别具风味了。与法式面包、德式面包也十分相称。4~8 月将配方稍加调整，就能变成适合夏天的夏日版本。

将 4 枚 Langue de Chat（法语中是“猫的舌头”之意，在欧洲是一种极其普通的烧果子）折叠制成的创意曲奇外壳爽脆、口感绝佳。店内有原味、黑糖两种口味，无论哪一种都可以体会到黄油的独特风味。

带有微酸的清爽感觉
可以用勺子品尝的芝士蛋糕

一楼商店的橱窗，品种丰富

商店橱窗里摆放的都是传统的洋果子，店铺2楼的餐厅可以享用到糕点师刚做好的甜点。

商品目录

藤装白拉拉 / 篮 ………………………… 1050 日元
脆壳饼干 / 9 枚 ………………………… 588 日元
脆壳饼干 / 16 枚 ………………………… 1050 日元

银座葡萄之木

☎ 03（3574）9779

中央区银座 5-8-5
地铁银座站 A5 出口步行 1 分钟
营业时间　10 时 30 分~22 时（星期日至20 时 30 分）
休息日　无
停车场　无
地方配送　支持（鲜点心除外）

两种口味的脆壳饼干

可以自选巧克力进行包装，礼品包装也充满新意

巧克力 Pierre Marcolini

平成 13 年（2001），比利时天才巧克力职人 Pierre Marcolini 的商店开业，一时之间成了热门话题。这些巧克力是由每年从世界各国运来的可可豆配合个人的口味制作而成的，尤其以选材闻名。

本店有将加入了杏仁和榛子的牛奶糖放入黑巧克力中制成的夹心多味巧克力、将松露加入香槟调味制成的香槟松露等 30 余种巧克力，每一款的口感都如奶油般丝滑，充满了可可的香气。异国的香气、上等的可可风味和

两款人气商品，蜗牛巧克力（右）和 72% 可可浓度的 Pierre Marcolini

散发出香浓可可味 所有女性的心之所向

店里还有从比利时空运而来的巧克力

精致的外形与颜色宛如艺术品，赢得了全世界诸多顾客的心。

亚洲 1 号店位于银座商场，店铺 1 层是巧克力商店，2~3 层是咖啡店，在这可以直接尽情享受可可制品。其中除了有原味热可可外，还有很多原创配方的商品。旁边的冰激凌店也同样顾客盈门，需要排队购买。

商品目录

多味巧克力 / 粒 ·········· 315 日元
香槟松露 / 粒 ·········· 294 日元
Pierre Marcolini/ 粒 ·········· 262 日元
蜗牛巧克力 / 粒 ·········· 262 日元

Pierre Marcolini 银座店

☎ 03（5537）0015

中央区银座 5-5-8

地铁银座站 B3 出口步行 2 分钟

营业时间　11 时 ~20 时（星期日、节假日至 19 时）

休息日　无

停车场　无

地方配送　支持

有 130 年历史的志乃多，适度的咸甜堪称绝妙

最初由武士创制 历史正统的味道和外形

志乃多

人形町 志乃多寿司总店

在人形町的甘酒横丁有一家专门做外卖的寿司店。招牌的油炸豆腐寿司志乃多是作为明治座观剧的便当而被大家知晓的。因为身为武士的初代吉益启藏喜爱油炸豆腐寿司，所以花费了许多功夫创制了此商品，并于明治 10 年（1877）在此创立了店铺。

志乃多的名字是由净琉璃《芦屋道满大内鉴》中得来的。女主人公（实际是白狐）葛叶被识破真身，回到故巢之时思念被单独留下的儿子，于是唱道："为爱遍寻至此地，乍见和泉兮。信太森林茂且密，怨恨如葛叶。"其名字便由此而来。

店铺采购的油炸豆腐比普通的更薄，更易入味。要将沥过油、调好味的油炸豆腐放入冰箱一晚后再除油是很难的，所以这项工作都是由有 30 年制作经验的老师傅来负责的。拥有上好味道的秘诀就是用白粗砂糖控制甜度，用红粗砂糖控制颜色，用黑糖控制味道。油炸豆腐每个约 50g，只需两口就能吃掉，这个大小从创业以来就没有变过。

呈鲜艳金黄色的玉子烧——黄菊

寿司微甜，配料的生姜并没有使用砂糖，而是用盐和醋腌制。

虽然志乃多还有海苔寿司、模压寿司、卷寿司、江户前寿司和其他很多种类的寿司，但是四个志乃多和三个海苔寿司混装一直都是传统商品。加入了嚼劲十足的葫芦干的海苔寿司也十分美味。除此之外，还有鲭鱼制成的鲭鱼模压寿司和茶巾寿司·黄菊，颜色鲜艳多彩的散饭寿司·八景，也很受欢迎。

只要有人在柜台点餐，里面的工作间就会立即进行制作

商品目录

海苔卷志乃多 /7 个装	577 日元
志乃多 /6 个装	567 日元
五色卷混装	661 日元
黄菊 /2 个装	682 日元
散饭寿司八景	1080 日元

人形町 志乃多寿司总店

☎ 03（5614）9300

中央区日本桥人形町 2-10-10
地铁人形町站步行 2 分钟

营业时间　9 时 ~19 时
休息日　无
停车场　无
地方配送　不支持

江户的煎饼，甚至能感受到江户风格的手烤煎饼“三木助”

手工烤煎饼

人形町草加屋

在人形町的甘酒横丁有一家手工烤煎饼店。即便是酷暑，小店的一角也一直在用炭火制作手烤煎饼。从昭和3年（1928）创业伊始，虽然价格高，但因为用材考究而且采用了手工制作的方法，产品香气扑鼻，深受行家们的喜爱。据说身为名人的落语家桂三木助三代甚至为此制造了一个有自己名字的专属罐子，为了不让弟子偷吃不惜将其藏入金库，一个人偷偷摸摸地吃。此外，歌舞伎的名演员中村勘三郎十七代十分喜爱焦掉的部分，将焦掉的部分自己享受，却把剩下的分给弟子。

在只有过去才有的店面布置的店中制作煎饼、炸年糕丁、炸煎饼、花林糖等点心，其中最受欢迎的应该属手烤煎饼，也被称为“三木助”，锅巴的部分则被称为“勘三郎”。

煎饼用备长炭逐枚手烤，根据烤制的颜色还需要不停地翻面，是一项很辛苦的工作。用200摄氏度的温度烘烤

深受专业的江户人喜爱质朴的味道和口感

酷暑中仍用炭火烤制的煎饼

商品目录

手工烤煎饼“三木助”/5 枚装 ……… 500 日元

锅巴“勘三郎”/5 枚装 ………………… 500 日元

人形町草加屋

☎ 03（3666）7378

中央区日本桥人形町 2-20-5

地铁人形町站步行 2 分钟

营业时间　8 时 ~20 时

休息日　星期日

停车场　无

地方配送　支持

出的煎饼无论是口味还是香味都是最好的。刚出炉的煎饼迅速刷上酱油是保证味道的关键。名人们喜欢的松脆的口感和酱油的香气至今依旧健在。

在狭窄的店内成排摆放的各种煎饼

连黑罐子也很精致的手作山茶花曲奇

手作山茶花曲奇

资生堂茶室

明治 35 年（1902），作为日本最初制造、贩卖苏打水和冰激凌及苏打水喷泉的资生堂药局内诞生的资生堂茶室，通过用加一杯苏打水制作化妆水的方法吸引了很多人，转眼间就成了银座名店。

之后又于昭和 3 年（1928）开设了真正的西餐厅，开始售卖昭和初期作为礼物用的山茶花曲奇。除此之外，还有奶酪蛋糕、白兰地蛋糕、油酥蛋糕、叶形馅饼等。现在依旧畅销的点心与资生堂茶室优雅的形象相辅相成，作为伴手礼和赠答品被人们长期喜爱。

面向中央大街（银座大街）的银座商店是资生堂茶室的旗舰店。点心自不必说，从传统的冰激凌、即食食品到红酒，各式产品应有尽有。

发售时以令人啧啧称赞的口感而广为人知的山茶花曲奇更是选料讲究、逐枚手烤，此外还有银座商店的限定版本。

昭和初诞生的曲奇 此店限定

装饰雅致的蛋糕

即食食品让体验餐厅味道成为可能

商品目录

- 手作山茶花曲奇 /40 枚装 …………… 4200 日元
- 芝士蛋糕 /3 个装 …………………………… 787 日元
- 黑芝麻・橘子芝士蛋糕 /3 个装 ……… 840 日元
- 牛肉咖喱 / 袋 ……………………………… 525 日元

资生堂茶室银座店

☎ 03（3572）2147

中央区银座 8-8-5
地铁银座站步行 7 分钟

营业时间　11 时 30 分~19 时 30 分（星期日、节假日营业至 19 时）
休息日　无
停车场　无
地方配送　支持（部分商品除外）

香气袭人的烤制水果蛋糕、富有浓厚奶油味的特制奶酪蛋糕等都是银座商店的限定商品。

在店铺里的点心厨房，由新锐的点心师傅史蒂芬制作的 15 余种蛋糕也引起了热议。

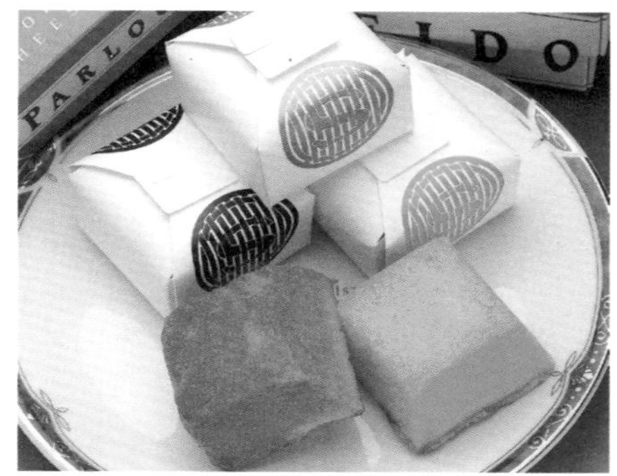

立体的可爱芝士蛋糕

畅玩银座只需50钱的学生时期

前几日，久违地从银座1丁目走到了8丁目。入驻法国和意大利等知名品牌的新建大楼仿佛让银座更加繁华。与涉谷和新宿不同，总觉得这是可以舒展身体走路的街道。战前从1丁目到8丁目，首先在东侧走，到了8丁目再折返，从西侧走回1丁目，这就是在享受银座的漫步时光。昭和15年，在全线座看电影30钱，在若松吃豆沙水果凉粉15钱，虽然只需不到50钱就能享受到银座漫步时光，但这对女学生来说已经是无与伦比的快乐了。有时由叔父们请客，奢侈一次去资生堂的茶室吃冰激凌圣代。在冰激凌上放上满满的煮过的草莓，这就是银座味道的记忆。除了蛋糕，咖喱和清炖牛肉等也可以盒装售卖，推荐作为银座的伴手礼。日本桥大型商业大楼开业后，三越新馆也重新恢复了生机。虽然东京本地人可以说没有神茂的鱼糕就无法迎接正月的到来，但是我还是喜欢这家店的半平丸子和鱼肉饼。将鱼的肉糜和山芋混合蒸制是关东地区人们喜爱的食物，但在关西、中国、四国、九州基本看不到其踪影。

◉港区

表参道・西麻布
エクセル東急ホテル
永田町
赤坂見附駅
日比谷高
雪華堂赤坂本店
(P74)
プルデンシャルタワー
参議院議員会館
千代田区
国会議事堂
衆議院第二議員会館
永田町
国会裏
国会議事堂前駅
一ツ木通り
みすじ通り
田町通り
地下鉄南北線
山王坂
日枝神社
キャピトル東急ホテル
総理官邸前
赤坂
国会議事堂前駅
山王下
山王パークタワー
首相官邸
赤坂通り
塩野
(P76)
外堀通り
内閣府
赤坂駅
国際新赤坂ビル東館
赤坂二交番前
溜池山王駅
内閣府下
新霞が関ビル
国際新赤坂ビル西館
溜池
特許庁
表参道
北青山
青山通り
首都高速都心環状線
特許庁前
神宮前
表参道駅
表参道
青山パラシオ
JT本社
榎坂
ハナエモリビル
米国大使館前
虎ノ門病院
ラ・メゾン・デュ・ショコラ表参道店(P80)
みゆき通り
国立印刷局
紀ノ国屋
スパイラル
地下鉄千代田線
青南小
立山墓地
渋谷区
青山五
南青山
南青山四
地下鉄半蔵門線
コレッツィオーネ
根津美術館
地下鉄銀座線
記念館
骨董通り
チョコレートショップ・レダラッハ
(P82)
青山学院大
長谷寺
港区
渋谷
女子短大
高樹町
中等部
高等部
首都高速渋谷線
渋谷四
六本木通り
南青山七
渋谷二
日赤通り商店街
麻布昇月堂
(P220)

1：10,000

0 200m

地図の方位は真北です

口感纯正，深受喜爱又易于品尝的文钱最中

文钱最中

文钱堂

新桥和三田一带，从很久以前就有深受喜爱的文钱最中。柔软的外皮包裹着紧致的内馅，个头较小易于品尝。一般的店铺会直接将红豆放入水里煮，但是这家店铺会将水煮沸后再放入红豆，这样一来，红豆的皮会瞬间收缩，在保留外皮的触感的同时制成松软的馅料。

文钱最中有 2 种馅料，一种是特有的加入了蜜渍大纳言小豆的红豆馅，一种是白豆沙和板栗混合的板栗馅。

说起文钱最中，它的特征就是无论是皮还是馅都很湿润。但是外皮松脆刚出炉的文钱最中又别有一番风味。

想品尝刚制成的最中，可以购买能够同时享受自己动手和商品名称乐趣的“劝学”。从袋子中取适量馅料，夹在酥脆的外皮里放入口中即可。香酥的外皮、微甜的豆馅配合在一起让不喜甜食的人也可轻易接受。平成 12 年（2000）发售以来，这款最中持续走俏。

像立起来的鸡蛋的黑牡丹（右）和君牡丹

深受附近职业女性和工薪阶层喜爱的店铺

自己取馅，自己包皮，劝学就是推荐自己制作

外皮柔软 内馅湿润 隐藏不住的人气

店铺里还有蛋黄馅包裹着黑芝麻馅的熬切豆沙点心・黑牡丹、用蛋黄馅包裹着大纳言小豆的君牡丹、每月 6 个种类的上生果子、应季果子等各式人气商品。

商品目录

文钱最中"小豆馅"/个	120 日元
文钱最中"板栗馅"/个	120 日元
劝学/箱	1300 日元
黑牡丹、君牡丹/各 1 个	300 日元

文钱堂新桥总店

☎ 03（3591）4441

港区新桥 3-6-14
JR 新桥站步行 3 分钟
营业时间　9 时 ~18 时 30 分（星期六营业至 15 时）
休息日　星期日、节假日
停车场　无
地方配送　支持（上生果子、黑牡丹、君牡丹除外）

色泽鲜艳，不由得让人联想起黑珍珠的丹波黑豆甜纳豆

丹波黑豆甜纳豆

赤坂雪华堂

明治 12 年（1879），以“如雪的结晶”著称的金平糖为招牌的赤坂雪华堂创立。现在在都内各处都有分店，百货店内也设有柜台，用来售卖引以为豪的甜纳豆等各式传统果子。

甜纳豆中有板栗、黑豆、多福、白花、青豌豆、老虎豆等材料，所有的材料都严格控制了甜度，使材料呈现出本身的味道。为了保持湿糯的状态下足了功夫，每颗都诚意满满。其中丹波产的极品黑豆经过长时间蒸煮而制成的丹波黑豆甜纳豆保留了黑豆本来的微甜软糯口感，让人欲罢不能。虽然与其他甜纳豆相比价格稍高，但是作为赠答品和伴手礼却是再适合不过。

有着可以品尝三种口味的三色铜锣烧和近来备受欢迎的馅料满满的黑豆大福以及配料本味和派皮和谐相配的巴衣纳言等诸多品类。

松软 鲜艳 润泽 最适合用作茶点的高级甜纳豆

在大人中受欢迎的抹茶风味内馅的恋茶时雨

商品目录

丹波黑纳豆甘纳豆 / 箱 ……………… 1260 日元
板栗甜纳豆 / 箱 ……………………… 2100 日元
三色混装 ……………………………… 1050 日元
恋茶时雨 / 个 ………………………… 137 日元

雪华堂赤坂总店

☎ 03（3585）6933
港区赤坂 3-10-6
地铁赤坂见附站步行 1 分钟
营业时间　9 时 30 分~20 时（星期六营业至 18 时）
休息日　星期日、节假日
停车场　无
地方配送　支持

在平成 16 年（2004）突然横空出世的恋茶时雨，是店内备受期待的新商品。用松散的蛋黄时雨包上抹茶馅，上面用一粒大粒丹波黑豆甜纳豆作为装饰。无论是与日本茶、咖啡还是红茶都很相配，受到了年轻人的喜爱。

柜台中有很多种类的甜纳豆混装产品

给人清新风格的夏季上生果子

上生果子 盐野

在赤坂繁华的饮食街一角，给人清凉感的纯和风店铺鳞次栉比。伴随着战后的创业风潮，色、形、味细腻的果子很快就得到了附近的艺伎们和当地政界财界人们的喜爱。于昭和 32 年（1957）开播的 TBS 星期日节目《时事放谈》中会提供生果子，据说以此为契机让盐野的点心名声大噪，全国各处的订单纷纷传来。

第二任店主的高桥博先生，致力于制作味道和口感都优秀的和果子。对于高桥先生来说，和果子首先要馅料美味，为了让馅料更加鲜美，将外郎糕、熬切豆沙、山药汁（家山药和山药）等加工成入口即化的内馅，除此之外还要将点心盛放于充满季节感的食器里。

每月的 10 种上生果子十分精致炫目，每一个都小巧可爱、做工精细，颜色搭配也十分有品位。

应季的果子种类也很丰富。初春的草饼、祭祀时的道

色彩古典样式美丽传达季节更替的佳品

让人想凝视而舍不得吃的干果子

排放了很多上生果子、干果子和烧果子的门面

商品目录

上生果子 / 个 ………………………… 320 日元
干果子组合 /20 个 ………………… 2800 日元
栗子羊羹 / 个 ……………………… 3500 日元
花瓣饼 / 个 ………………………… 450 日元

盐野

☎ 03（3582）1881

港区赤坂 2-13-2
地铁赤坂站步行 1 分钟
营业时间　9 时 ~19 时（周六、节假日营业至 17 时）
休息日　星期日
停车场　无
地方配送　支持

明寺樱饼、五月必备的柏饼和粽子、夏季是充满凉意的葛和羊羹、秋季用板栗制成的羊羹和鹿饼、年末迎新年的花瓣饼和各种各样的果子传达了季节的更迭。不仅是上生果子，干果子也像节日人偶一样惹人喜爱。

赠答品可以选用桃山、京都、赤坂日记等发挥了传统技艺的烧果子。

拥有威化饼干和巧克力独特口感的威尔尼兹

威尔尼兹

BABBI MINAMI AOYAMA

Babbi 前身是 1952 年在意大利威尔尼兹的街上做冰激凌用的蛋卷筒工厂。从制作蛋卷筒的方法中产生的是，巧克力威化的威尔尼兹（Viennesi）。带有七层奶油的威化饼干附有巧克力的外膜，口感松脆的威化饼干与口感轻柔的奶油和意大利传统的微苦黑巧克力，在口中融合成和谐的味道。

店内一角摆放着各色意式冰激凌

风靡欧洲的这个品牌于平成 14 年（2002）登陆日本。京都各地和无数商厦的商店都有售卖，本店也设有意大利直运的冰激

主打威化口感完美 来自意大利的时髦点心

含有意大利风情各色鲜艳的包装

凌吧。

威尔尼兹的夹馅奶油有香草、咖啡、开心果三种口味。香草有甜口和微苦两种选择。红色、黄色、紫色等多彩的玻璃包装也可用于赠答。除一口大小的奶油迷你，榛子奶油巴比诺，如宝石般呈椭圆形、加入榛果制成的黑巧克力布莱拉外，也有其他诸多人气商品。

商品目录

威尔尼兹 /12 个 ………… 1060 日元
红色水晶包 / 个 ………… 1050 日元
奶油迷你 /8 个 ………… 1600 日元
巴比诺 /5 个 ………… 1890 日元
布莱拉 20/ 个 ………… 1890 日元

BABBI MINAMI AOYAMA

☎ 03 (5766) 33601

港区西麻布 2-26-20 新城市西麻布新大厦一楼
地铁六本木站步行 15 分钟
营业时间　12 时 ~23 时（星期五、六营业至翌日 1 时　星期日至22 时）
休息日　无
停车场　无
地方派送　支持

无论巧克力还是外包装都充满了时髦的巴黎风格

酒心巧克力

LA MAISON DU CHOCOLAT

在巴黎 17 区的点心激战区中获得口碑的年轻天才巧克力制造师罗贝尔·兰克斯创制出了店内受欢迎的巧克力点心，并于 1977 年开设了巧克力专门店 LA MAISON DU CHOCOLAT。他制作的巧克力充满可可香气，俘获了巴黎人的心，一时风靡。

在此之后，被称为“巧克力搅拌的魔法师”的兰克斯和随后凭借艺术味觉成为领导者的帕克斯·加克两个人，基于传统手法，加入独特的创意，制作出了本店特有的巧克力。

和巴黎一角相似的时尚构造

入口顺滑的松露和 Orangette

商品目录

迷你 coffret maison 礼盒箱 /2 粒 ··· 1150 日元
coffret maison 礼盒箱 /28 粒 ·········· 8100 日元
松露礼盒 190g······························ 6900 日元
Orangette 100g···························· 3300 日元

LA MAISON DU CHOCOLAT
表参道店

☎ 03(3499)2168

港区北青山 3-6-1
哈纳埃尔大楼 1 楼
地铁表参道站步行 1 分钟
营业时间　10 时 30 分 ~19 时
休息日　无休
停车场　无
地方派送　支持

法国产巧克力 高雅宛如宝石

店铺在巴黎有 5 间分店，纽约 2 间，伦敦 2 间。表参道 1 号店于平成 16 年(2004)秋在丸之内开业。摆在店面的约三十多种酒心巧克力全部来自巴黎阿德里亚。2 枚装的礼品盒从木盒到陶瓷盒，有多种款式。不仅包装也富于变化，还有糖渍栗子、水果果冻、焦糖、果酱、蜂蜜、巧克力饮料等很多非巧克力制品。

品种丰富的巧克力，20 粒以上用木盒包装。

巧克力 Läderach

1962 年，年轻的果子职人鲁道夫·拉蒂莰（Rudolph Läderach）在瑞士阿尔卑斯山麓一个叫艾恩达（Enennda）的小镇开了一家小小的巧克力店。最初，这家店使用最高级的果仁作为巧克力的内核，之后他们发明了“贝壳”（英文名为 shell，是一种内部是空的巧克力）而受到人们关注。后来这家店不仅在瑞士，在德国都拥有了自己的工厂，名声享誉全球。该店是在平成 2 年（1990）开办的全日本唯一一家专卖店，不过在情人节前一天，也会在商厂内开设临时店。

入口即化的生巧克力包裹着内核，牛奶味十足的奶油巧克力，以及用牛奶巧克力包裹住柔软的生巧的传统牛奶松露巧克力，还有注入干邑白兰地裹住生巧的干邑松露巧克力也是基本款，用设计成星型月型的硬巧克力包裹果仁夹心等，约有 30 个不同品种。例如叫作魔法老鼠、微笑蜗

从享誉盛名的松露巧克力到可爱的动物形巧克力一应俱全

魔法老鼠和魔法蜗牛，让人不觉微笑的可爱造型

商品目录

巧克力 / 粒 …… 160 日元
6 粒盒装 …… 1050 日元
魔法老鼠 / 个 …… 190 日元
微笑蜗牛 / 个 …… 300 日元

巧克力店 · Läderach

☎ 03（3409）1160

港区南青山 5-4-40
从表参道地铁站步行 3 分钟
营业时间　11 点 ~19 点（周六营业至 17 点）
休息日　周日、节假日（暑期正常营业）
停车场　无
地区配送　有

牛的这种以鼠、蜗牛以及兔子、熊等各种动物形状为模型制造的巧克力，也备受人们的喜爱，成为赠礼佳品。

店铺在古董街一侧，店里洋溢欧洲的气氛

羊羹韵味钩沉

新桥、赤坂有花街柳巷，同样有许多和式点心和煎饼名店，这些店里的商品多被人们用作在酒馆会面的赠答品。其中赤坂咸野的咸乃羊羹里的炼羊羹充分控制住甜味，颜色呈淡墨色，在爱吃咸味零食的人中受到欢迎，也有人将其作为下酒菜。因为与我的公司很近，所以我常在这家店选购点心作为伴手礼。将耐存的好产品送给住在维也纳和巴黎的朋友，作为了解日本的季节的媒介，朋友们收到后都会十分开心。羊羹大致种类有炼羊羹、水羊羹、蒸羊羹。炼羊羹是用洋粉使其凝固，有用锦玉羹、琥珀羹等透明水果制成并且含有馅儿的炼羊羹。水羊羹也是用洋粉凝固而来，相当柔软，入口即化，凉爽的口感使其成为夏日必备。蒸羊羹则不使用洋粉，而是用豆沙馅和小麦粉来蒸，栗子蒸羊羹、丁稚羊羹等都是经典口味。羊羹原本是指羊肉煮出的汁，作为中国传来的料理，有着在日本逐渐发展成为点心的历史。

◎新宿区

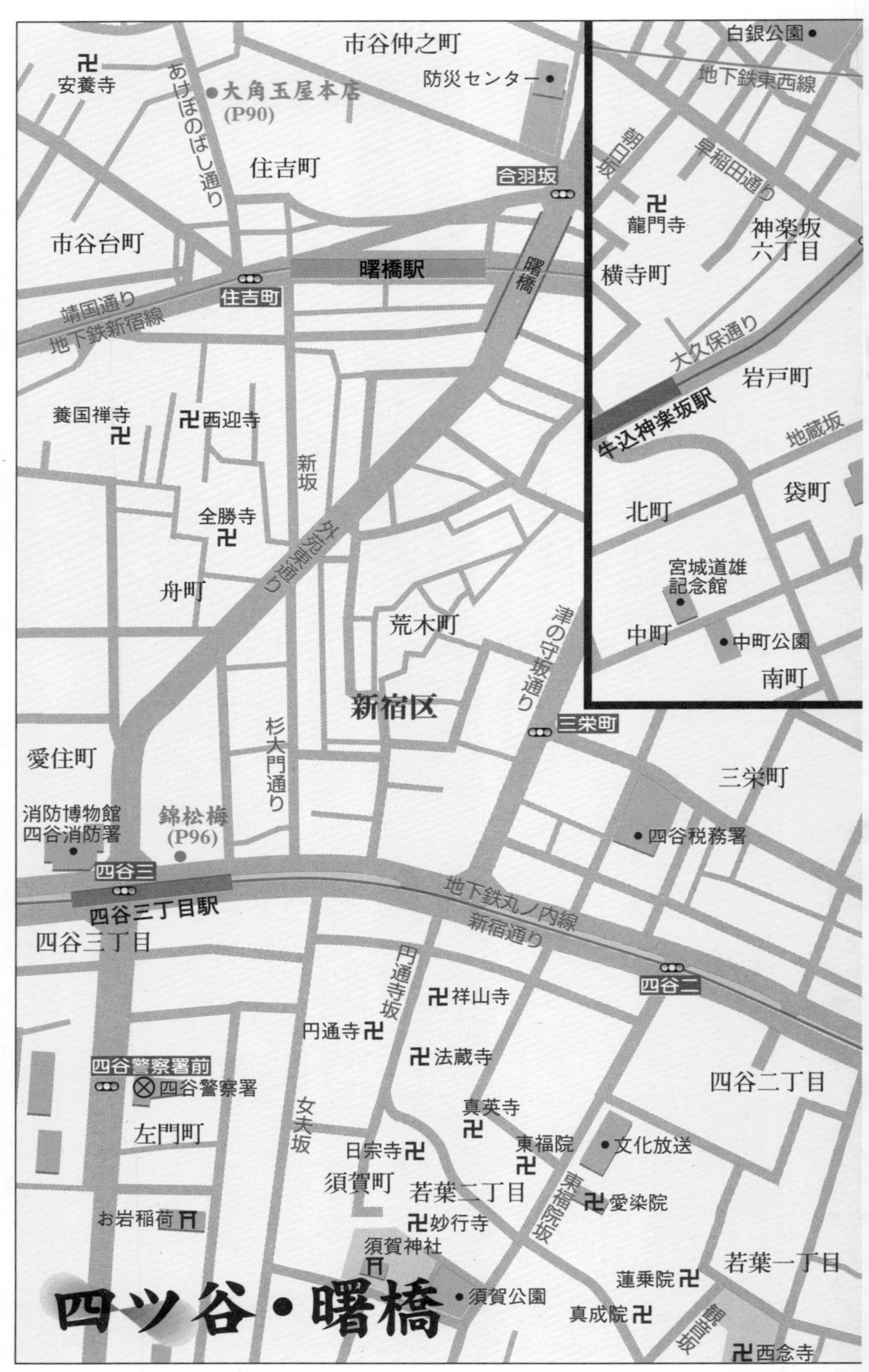
市谷仲之町
安養寺
大角玉屋本店
(P90)
あけぼのばし通り
防災センター
白銀公園
地下鉄東西線
住吉町
合羽坂
朝日坂
早稲田通り
龍門寺
神楽坂
六丁目
市谷台町
曙橋駅
曙橋
横寺町
住吉町
靖国通り
地下鉄新宿線
大久保通り
岩戸町
牛込神楽坂駅
地蔵坂
養国禅寺
西迎寺
新坂
袋町
北町
全勝寺
外苑東通り
宮城道雄
記念館
舟町
荒木町
津の守坂通り
中町
中町公園
南町
新宿区
三栄町
愛住町
杉大門通り
三栄町
消防博物館
四谷消防署
錦松梅
(P96)
四谷税務署
四谷三
四谷三丁目駅
地下鉄丸ノ内線
新宿通り
四谷三丁目
円通寺坂
四谷二
祥山寺
円通寺
法蔵寺
四谷警察署前
四谷警察署
四谷二丁目
女夫坂
真英寺
左門町
日宗寺
東福院
文化放送
須賀町
若葉二丁目
東福院坂
愛染院
お岩稲荷
妙行寺
須賀神社
若葉一丁目
蓮乗院
四ツ谷・曙橋
須賀公園
真成院
観音坂
西念寺

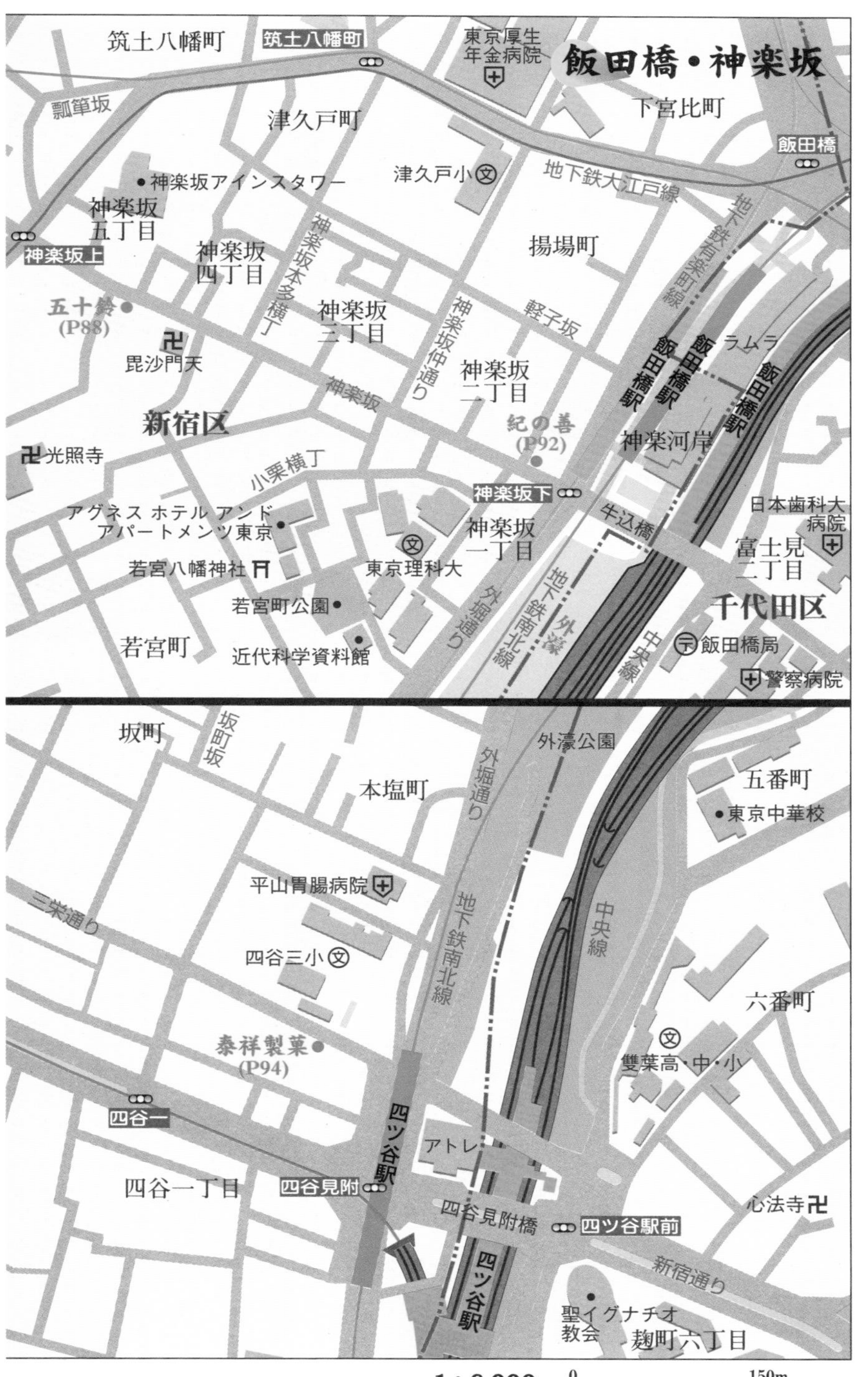
飯田橋・神楽坂
筑土八幡町
東京厚生年金病院
下宮比町
瓢箪坂
津久戸町
飯田橋
津久戸小
地下鉄大江戸線
神楽坂アインスタワー
神楽坂五丁目
神楽坂上
神楽坂四丁目
神楽坂本多横丁
揚場町
地下鉄有楽町線
五十鈴
(P88)
神楽坂三丁目
神楽坂仲通り
軽子坂
毘沙門天
ラムラ
飯田橋駅
神楽坂
神楽坂二丁目
新宿区
紀の善
(P92)
神楽河岸
光照寺
小栗横丁
神楽坂下
日本歯科大病院
アグネス ホテル アンド アパートメンツ東京
牛込橋
神楽坂一丁目
富士見二丁目
若宮八幡神社
東京理科大
外堀通り
地下鉄南北線
外濠
千代田区
若宮町公園
中央線
若宮町
近代科学資料館
飯田橋局
警察病院
坂町
坂町坂
外濠公園
本塩町
五番町
東京中華校
平山胃腸病院
三栄通り
四谷三小
六番町
泰祥製菓
(P94)
雙葉高・中・小
四谷一
アトレ
四ツ谷駅
四谷一丁目
四谷見附
四谷見附橋
四ツ谷駅前
心法寺
新宿通り
聖イグナチオ教会
麹町六丁目
1:6,000
0
150m
地図の方位は真北です

甘露纳豆，光润的外表下凝聚了前代人的心血

五十铃 甘露甜纳豆

五十铃位于热闹的神乐坂的坂上，于昭和21年（1946）创店。该店恪守着“将自己觉得满意的东西提供给客人”这一前代人的理念，至今仍然对材料精挑细选，任何果子均通过手工精制而成。

甘露甜纳豆是前代人花了一年时间研制出的得意之作，使用了最高级的北海道产的大纳言小豆，加上对烹煮时间的独特控制，纳豆因而未被煮烂且表皮完好保留下来，口感润滑柔软是其一大特征。淡紫色的色调非常美丽，将一粒纳豆含在嘴里，一股只有大纳言小豆才具有的高雅口味立刻散发了出来。

另外还有几种精致的点心，其中华车是用大纳言小豆、柚子、栗子制成三种馅平分成三个部分制作而成的大个最中。由于甜度得当，三种馅的味道分明。

也有分别用三种馅中的每一种馅单独做出的小份糕点。

将大纳言小豆的优点发挥到极致 色泽亮丽闪耀的甜纳豆

能同时享受三种馅的华车分量十足，是能够充分享用其美味的大小

提起羊羹，现在占据主流位置的是冬天时吃的熬羊羹，但在江户时代是蒸羊羹。现在，五十铃将在9月至12月限定推出使用了新栗的怀旧风蒸栗羊羹，许多老粉丝们都在翘首以盼秋天的到来。

当然了，使用了大量的极品大纳言小豆和丹波栗的基本款熬羊羹和栗羊羹也颇有人气。

商品目录

甜纳豆 / 盒	840 日元
华车 /4 个	1155 日元
小份糕点 /6 个	1155 日元
栗羊羹 / 个	3150 日元
蒸栗羊羹 / 个	1260 日元

五十铃

☎ 03（3269）0081

新宿区神乐坂 5-34
从 JR 饭田桥站或神乐坂地铁站 1 出口步行 5 分钟

营业时间　9 时 ~20 时
休息日　周日、节假日
停车场　无
地区配送　有

宽阔的店铺。许多客人前往昆沙门（善国寺）参拜，回来时顺路来店

用不相称的材料打造出独特组合，草莓豆大福

草莓红豆大福饼

大角玉屋

大角玉屋在创业伊始，就凭借红豆大福在附近一带声名鹊起。大角玉屋的当家店主大角和平先生是第三代传人，他热衷于制作工艺的研究。有一次，他突发奇想把草莓加到本店的招牌红豆大福里，甜糯的馅料搭配着酸甜的草莓意外地让人感觉有趣，然后他就决定了将其作为新商品上市。

昭和 60 年（1985）草莓红豆大福开始发售。发售日当天卖出了 30 个，第二天多卖了一倍，之后通过广播和电视介绍，销量开始突飞猛进，日销售量开始连续突破 100 个、200 个。不久，这款新商品——草莓红豆大福获得了和果子界令人瞩目的地位。现今，草莓红豆大福饼也依然人气不减。除此之外，日本全国各地还流行着红豆大福的各种衍生、仿造商品。

和果子蕴含着悠久的历史和传统。但是，大角先生却认为不必非得遵从这个框架制约，继草莓红豆大福之后，他一

散发着玫瑰花香的上乘玫瑰和式点心，包装也很高贵时尚

前所未有的反响来自日复一日的钻研和灵光一闪

鼓作气，挑战开发新的和果子。比如加入利口酒使味道更加醇厚，或是积极地放入黄油等，时刻紧跟时代，研究最前沿的口味，诞生了草莓奶油铜锣烧和白兰地铜锣烧这类别具一格的和果子。

最近的热潮是，那个赛罗帕特（Cleopatra）喜爱的野生大马士革蔷薇也被用来当作和式点心的名字。该点心有将花瓣揉搓进糯米外皮、花瓣馅大福等3个品种，不论哪一种都洋溢着玫瑰花香，优雅怡人。

商品目录

草莓豆大福/个	210日元
草莓奶油铜锣烧/个	189日元
玫瑰和式点心/个	315日元
玫瑰和式点心/3个	1260日元

大角玉屋总店

☎ 03（3351）7735

新宿区住吉町8-25
从曙桥地铁站A2出口步行2分钟
营业时间　9时~19时30分
休息日　无
停车场　无
地区配送　有（除去草莓红豆大福）

除了引以为豪的自创和果子外，传统的和果子当然也少不了

器皿装的外带甜品，馅蜜（左上）、年糕小豆汤（中）和抹茶巴伐利亚布丁

甜品 纪之善

“制作和果子基本中的基本，就是要重视精心挑选食材、精心制作。”女店主富田惠子如是说。用丹波产的大纳言小豆制作的馅依用途而有多个种类，不论哪个种类，砂糖用量与烹调熟练度均无可挑剔，有效保留了小豆原本的风味，口感柔软、色泽艳丽。

在制作基本款的馅蜜时为了保持原有的风味，豆、洋粉、糖蜜均通过手工制作而成。甜品品种丰富，有甜豆沙、糯米粉团馅蜜、栗子馅蜜、农家年糕小豆汤等。杯装的外带产品在夏天有 5 至 6 个品种，在冬天约有 8 个品种。

十多年前决定推出的新产品——抹茶巴伐利亚布丁，自上市以来人气不减。这种巴伐利亚布丁控制住了甜味，发挥出抹茶的口味，与红豆馅和鲜奶油一起食用的话更能突显其美味。

来店的客人 8 成为女性，因为神乐坂的用地性质，常

添加红豆馅和鲜奶油的抹茶巴伐利亚布丁，柔软顺滑，入口即化，美味十足

代表东京甜品的名店 除了基本款之外抹茶点心也极具魅力

有身上穿着和服、似乎刚结束什么排练的女性出入，给店里增添了一道亮丽的风景线。剩下的一部分男性里也有被红豆馅的美味所折服的固定粉丝。

商品目录

馅蜜 / 碗 ………… 472 日元
抹茶巴伐利亚布丁 / 碗 ………… 630 日元
农家年糕小豆汤 / 碗 ………… 577 日元
喫茶・抹茶巴伐利亚布丁 ………… 787 日元

纪之善

☎ 03（3269）2920
新宿区神乐坂 1-12
从 JR 饭田桥站西口步行 1 分钟
营业时间　11 时 ~21 时（周日、节假日 12 时 ~18 时）
休息日　第三个周日
停车时　无
地区配送　无

现代风的店内装潢，二楼有座位

皮也十分美味的中秋月饼，左边的是人气款白馅

中秋月饼

泰祥制菓

在高级日式餐厅滩万任专名的俳句诗人故楠本宪吉为代表的文化人，以及许多政治和经济界人士都是泰祥制菓制作的中国点心的粉丝。该店于昭和 26 年（1951）在赤坂开业，就在随后的 1962 年，这家店的中秋月饼在全国铭果大品评会上获得全国第一后名声大噪。

朋友糖（下）和酥饼，散发着花生的香气

位于 JR 四谷站附近的现有店铺，其招牌丝毫不显眼，其门面装饰朴实，稍不注意就会看丢。就是在这样的店内，由其家族人员手工

独具匠心的皮与馅 圈粉无数的中国点心

手工制作，在大型烤炉上一齐烤

家族成员携手守护着先人创造的味道

商品目录

中秋月饼 / 个 ………………………… 160 日元
泰祥月饼 / 个 ………………………… 160 日元
酥饼 / 个 ………………………………… 75 日元
朋友糖 / 小袋 ………………………… 280 日元

泰祥制菓

☎ 03（3357）2825

新宿区四谷 1-7
从 JR 四谷站步行 1 分钟
营业时间　8 时 ~19 时 30 分（周日营业至 18 时 30 分）
休息日　周日、节假日
停车场　无
地区配送　有

制作的中国点心，约有 20 多种。

说起月饼，一般是用类似馒头那样的皮裹住馅，但泰祥制菓的中秋月饼的首要特征就是其皮类似于西点的派。由于在面团内揉入猪油，烤制成品后嚼劲十足。馅有两种，一种是加入核桃的白馅，另一种是混合了红豆沙和芝麻的黑馅，白馅具有压倒性的人气。店里的点心有加入核桃并填满红豆沙馅的半月、核桃和葡萄干与面团混在一起的可可风味的蛋糕可可亚、花生曲奇·酥饼、花生奶糖味的朋友糖，此外也有店铺独有的中国点心。

装在美丽的容器中的高级拌饭料

锦松梅

锦松梅

创业者为了使用于下饭的干制鲣鱼变得更好吃，便决定研制以干制鲣鱼为主原料的、口味口感上乘的拌饭料，并在华道家元妻子的弟子的结婚仪式上将此作为赠答品，反响绝佳。一家百货店听说此事后便向他们发出委托，于昭和 7 年（1932）商品化。由于当时市面上还未有这种拌饭料，因此博得了大量人气。

在干制鲣鱼上加入白芝麻、香菇、木耳、松果等材料的高级品——锦松梅，非常适合搭配米饭、茶泡饭、饭团，加在纳豆、凉拌豆腐、沙拉等上面也非常美味。

提起锦松梅，其互赠礼品用的豪华有田瓷器也广为人知。最初发售的时候使用的是小判型圆盆，后来为了使人们在收到锦松梅时能因为其豪华感而感到愉悦，食用完后还能再次利用该器皿，于是便在昭和 39 年（1964）引入有田瓷器。此后，锦松梅便成了具有高级感的赠答品的代名词。

按收礼方喜好来挑选容器 味道丰富的高级拌饭料

有田瓷器和会津涂、玻璃容器等，每年的设计都不同

商品目录

锦松梅有田瓷器 /2 个 ………………… 2625 日元
锦松梅会津涂 /2 个 …………………… 2625 日元
锦松梅小判型容器 ……………………… 1050 日元
锦松梅玻璃容器 /2 个 ………………… 2100 日元

锦松梅

☎ 03(3359)0111

新宿区四谷 3-7
从四谷三丁目地铁站 4 出口步行 1 分钟
营业时间　9 时 ~19 时（周日、节假日营业至 18 点）
休息日　无
停车场　无
地区配送　有

现在，除了从简朴到绚丽奢华的 13 种瓷器之外，也有玻璃容器和会津涂等。

店铺内挂着由书法巨匠——金子欧亭执笔的牌匾

新宿的两条烟花巷

在 JR 四谷站现有丸之内线、南北线，变得便利且热闹。在我孩童时往来的甲州街道上，有一个供拉货的马喝水用的饮水处。还能常常见到骑着马的士兵迎接乘坐电车上班的陆军将校的场景。甲州街道现在被称为新宿路，从四谷三丁目跟前的信号灯右转就会看到荒木町。那里是幸田文的小说《逝者如斯夫》中就出现的烟火巷，这是一座妙趣横生的街市，走进小胡同，里面有漂亮的小饭馆，美味的炸猪排三明治店。胡同的尽头有阶梯，谷底有辩才女神，江户时期的气息停留在了此地。同样在新宿区的神乐坂也是我喜欢的一条街道。一步步踏足进去，就能渐渐听到三味线的声音，看见身姿漂亮的演艺者。坡道入口右手边“纪之善”的栗子善哉是我喜爱的食物。店内彩纸上印有今井鹤女的俳句仿佛让人看到了曾经神乐坂的模样。“洒水覆红尘，车流川不息。君子来又往，熙攘神乐坂”，使人眼前浮现出身着华服、轻挥衣袖，走在洒上水的料理店的石头路的演艺者的身姿。这一带有许多神社，如拥有 800 多年历史的若宫神社、赤鸟居、灯火阑珊的毘沙门天、走廊气派的赤城神社等。据说神乐坂的名字源于神乐的伴奏从未间断。

◉文京·台东·墨田·江东区

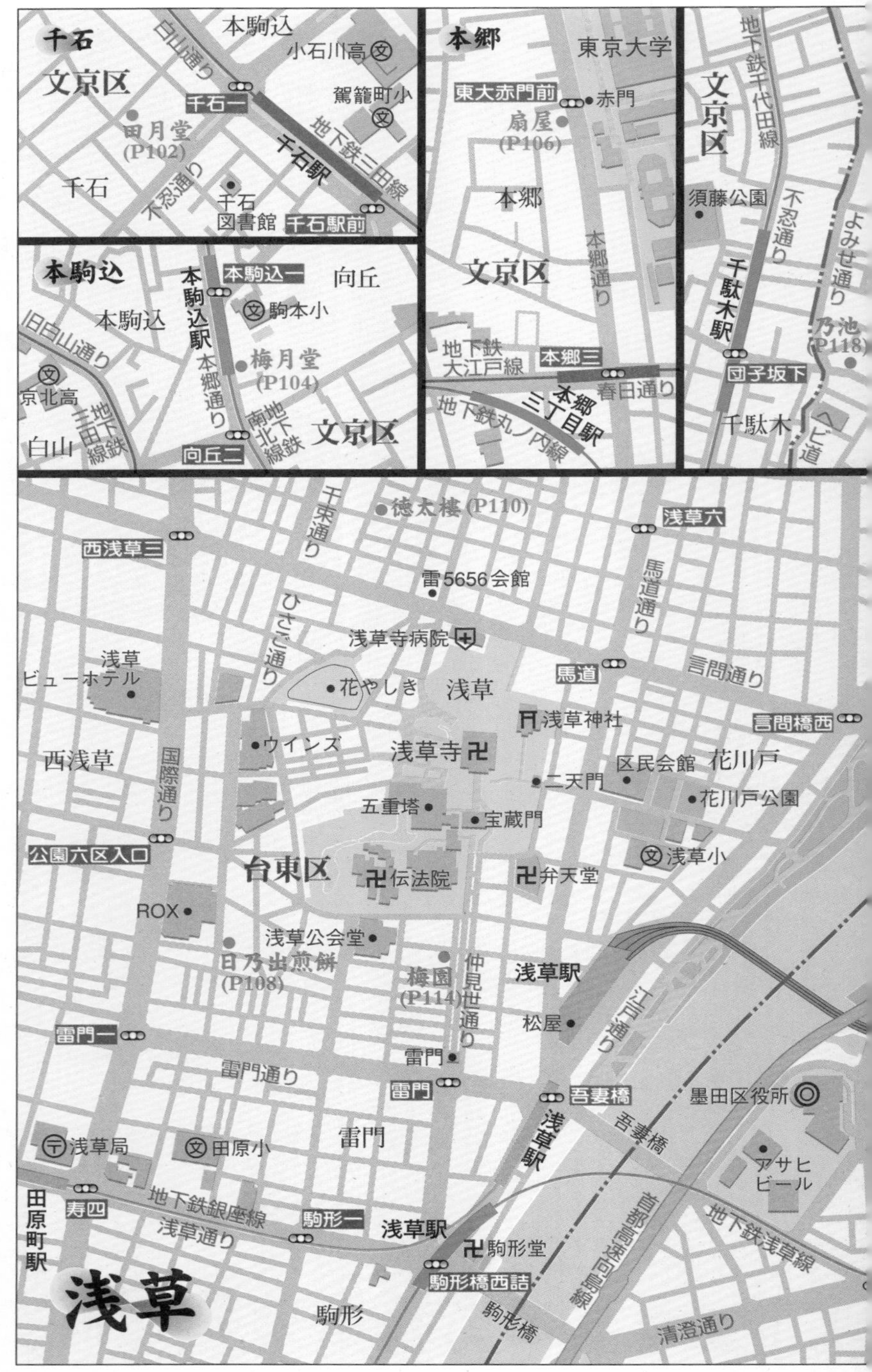

千石
文京区
白山通り
本駒込
小石川高
千石一
駕籠町小
田月堂
(P102)
地下鉄三田線
千石駅
千石
不忍通り
千石
図書館
千石駅前
本郷
東京大学
東大赤門前
赤門
扇屋
(P106)
本郷
文京区
本郷通り
地下鉄
大江戸線
本郷三
春日通り
本郷三丁目駅
地下鉄丸ノ内線
文京区
地下鉄千代田線
須藤公園
不忍通り
よみせ通り
千駄木駅
乃池
(P118)
団子坂下
千駄木
へビ道
本駒込
本駒込駅
本駒込一
向丘
駒本小
本駒込
旧白山通り
京北高
梅月堂
(P104)
本郷通り
地下鉄三田線
白山
地下鉄南北線
向丘二
文京区
徳太楼(P110)
千束通り
浅草六
西浅草三
雷5656会館
馬道通り
ひさご通り
浅草寺病院
浅草
ビューホテル
花やしき
浅草
馬道
言問通り
浅草神社
言問橋西
ウインズ
西浅草
浅草寺
区民会館
花川戸
国際通り
二天門
花川戸公園
五重塔
宝蔵門
公園六区入口
浅草小
台東区
伝法院
弁天堂
ROX
浅草公会堂
日乃出煎餅
(P108)
梅園
(P114)
仲見世通り
浅草駅
松屋
江戸通り
雷門一
雷門
雷門通り
雷門
吾妻橋
墨田区役所
浅草駅
吾妻橋
雷門
浅草局
田原小
アサヒ
ビール
田原町駅
寿四
地下鉄銀座線
駒形一
首都高速向島線
地下鉄浅草線
浅草通り
浅草駅
駒形堂
駒形橋西詰
浅草
駒形
駒形橋
清澄通り

西日暮里
荒川区
本行寺
後藤の飴
(P216)
経王寺
谷中銀座商店街
日暮里駅
京成本線
山手線・京浜東北線
都せんべい
(P112)
長明寺
朝倉彫塑館
天王寺
コミュニティセンター
台東区
観音寺
谷中
常在寺
谷中霊園
安立寺
三崎坂
全生庵
谷中
谷中小
竹隆庵岡埜(P116)
入谷
根岸四
金杉公園
柳通り
西念寺
柏葉中
台東小
根岸
金杉通り
嶺照院
昭和通り
根岸三
台東区
下谷
英信寺
入谷駅
地下鉄日比谷線
言問通り
鬼子母神
入谷
入谷
リバーサイドスポーツセンター
待乳山聖天
鐘ヶ淵陸橋
円徳寺
墨堤通り
鐘ヶ淵駅
東武伊勢崎線
隅田公園
墨田
墨田区
墨田園
(P120)
鐘ヶ淵通り
鐘ヶ淵
アルカキット
錦糸
総武線
錦糸町駅
地下鉄半蔵門線
テルミナ
リヴィン
墨田区
京葉道路
錦糸町駅前
山田家
(P122)
丸井
江東橋
錦糸町
言問橋
小梅小
水戸街道
隅田川
牛嶋神社
言問橋東
埼玉屋小梅
(P124)
隅田公園
新大橋
森下
新大橋通り
森下駅
森下駅前
地下鉄新宿線
江東区
カトレア
(P128)
八名川小
深川神明宮
清澄通り
地下鉄大江戸線
八名川公園
常盤
森下
向島三
向島
東武伊勢崎線
北十間川
押上二
業平橋駅
源森橋
吾妻橋
墨田区
業平橋駅
浅草通り
本所吾妻橋駅
吾妻橋一
吾妻橋交番前
業平一
大横川親水公園
業平
東駒形
門前仲町
首都高速
地下鉄大江戸線
赤札堂
深川公園
門前仲町駅
富岡
門前仲町
永代通り
伊勢屋
(P126)
清澄通り
地下鉄東西線
江東区
大横川
牡丹
門前仲町
1:10,000
0
200m
地図の方位は真北です

白皮豆沙馅和茶皮带皮甜豆馅的千石馒头

千石馒头

田月堂

在白山路西侧、千石本町路商业街一角，有着一家叫作田月堂的店铺，该店铺是由女演员大原丽子娘家经营的和果子店。战后没多久，在昭和 22 年（1947），初代店主就从长野县来到东京开了这家店。

其中最受人们欢迎的商品是冠有本地之名的一口大小的千石馒头。其中有使用大和白薯的白皮和加入玄米粉、有着温和香气的茶皮两个品种。白皮的豆沙馅和茶皮的带皮甜豆馅均使用了产自北海道十胜的红豆。以大原丽子在平成元年（1989）出演的 NHK 大河电视剧《春日局》为契机被创造的一种烤制点心“春日服”，是用桃山（白馅和砂糖、蛋黄、淀粉等搅拌并烤制成的和果子）裹住梅馅制作而成。桃山和爽口的梅馅非常般配。

或许是为了表达初代店主的思乡之情，店铺里摆放的点心名字多数与长野县有关。其中的代表，就是用蜂蜜蛋糕

店里摆放着名字与长野县有关的点心

夹着橘皮果酱的田每之月

第三代现任店主——大原京子

美味清爽的馅与皮
当地富有人气的一口馒头

夹着橘皮果酱的铜锣烧风格的创作果子——田每之月。简单且百吃不腻的口味，老少咸宜。所谓“田每之月”，是指在长野县北部的姨舍山（冠着山）一片斜坡上的梯田里倒映的月亮。从古至今这里就因月亮而出名，松尾芭蕉、小林一茶等人均拜访过此地。

商品目录

千石馒头 / 个 …… 80 日元
千石馒头 /10 个 …… 850 日元
春日服 / 个 …… 170 日元
田每之月 / 个 …… 150 日元
田每之月 /10 个 …… 1700 日元

田月堂

☎ 03（3941）1240

文京区千石 4-39-7
从千石地铁站 A4 出口步行 3 分钟
营业时间 9 时 ~18 时 30 分
休息日 周一
停车场 无
地区配送 有

与其名字相称的梅花形煎饼红梅（右下）和甘糖

煎饼

梅月堂

据说这家店的老板非常重视选取制作煎饼用的原料，他都会亲自前往原料产地，去挑选上乘的食材。

梅月堂煎饼的主要原料——粳米使用的是来自日本山形县高畠町无农药种植的越光稻米。酱油使用的则是千叶县东庄制造的“澪标”。在此基础上选用 10 年窖期的陈年老酒与精心酿造的纯米酒、和三盆糖、吉野葛粉搅拌在一起后慢慢熬成佐料。煎饼的干燥自不用多说，是依靠大自然来风干的。据说在冬夏季有湿度差的情况下，灵活调整风干的日数也是保持煎饼口感的一个秘诀。

制作煎饼时下方烧炭火，上方辅之以煤气的火，同时煎烤两个面。这个时候不宜用传统的押瓦，而是要在烧烤网上进行多次翻转煎烤，最少要翻转 10 次。若要烤至变硬则需要大约 50 次。饼越硬越有香味，这就难怪经常看到店铺中的硬饼很多。

多味翻面炙烤 引香味为傲的坚烧煎饼

店里正贩售的圆玻璃瓶装煎饼

商品目录

甘糖 / 袋 ································· 300 日元
红梅 / 个 ································· 110 日元
芝麻坚烧煎饼 /5 个 ······················ 550 日元
海苔力判 / 个 ···························· 110 日元
箱子赠礼装 ······················ 1650~5250 日元

梅月堂

☎ 03（3821）6469

文京区向丘 2-36-9
从本驹込地铁站电梯出口步行 2 分钟
营业时间　9 时 30~19 时
休息日　无
停车线　无
地区配送　有

昭和 26 年（1951），梅月堂从同区内的根津搬到现所在地，依旧一心专注煎饼业。挂着陈旧的“梅月堂”看板的店面小而稳重安详。店铺里陈列的煎饼也有怀旧的圆玻璃瓶装。

店主引以为豪的各种煎饼

装在文学散策书套中的赤门饼、银杏舞、御守殿门

扇屋 文学散策

文学散策是以东京大学为主题的什锦装和式点心，因具有文教之镇本乡的气质而在伴手礼中广受好评。为了配合“文学散策”四个字，使用了书套样的具有学术气质的盒子，里面装有赤门饼、银杏舞、御守殿门三种和果子。

涂满黄豆粉的赤门饼是揉入黑糖的蕨菜糕。银杏舞是用派皮裹住杏仁和白豆馅烤制而成，其枯叶色十分迷人。御守殿门（赤门的正式名）有包入和糖红豆沙馅和牛奶味外皮夹蛋黄馅两个品种。盒子周围的文学散策可供人欣赏，盒子内附带精美的插图地图。

另外还有众多具有季节感的和式点心，如用葛粉裹住杏仁和红豆沙的加贺冰室（5 月至 9 月），顶端总缀上柚子皮包裹着红豆沙的柚子羽二重饼（9 月中旬至 2 月中旬）等。

扇屋开创于昭和 25 年（1950），如今，第三任店主将

据说喜欢和式点心的东大留学生经常光临

柚子饼（上）和加贺冰室

与文教之镇相得益彰 名字温文尔雅的三种和式点心

在赤门正前方再开一家店。初代店主是出生于长崎的糕点师傅，他做出的美味蜂蜜蛋糕（1 斤 1470 日元）被后人继承，依旧好评如潮。

第三任店主岩下洋一

商品目录

文学散策 /11 个	2415 日元
赤门饼 / 个	189 日元
银杏舞 / 个	210 日元
御守殿门 / 个	147 日元
加贺冰室 / 个	840 日元
柚子饼 / 盒	840 日元

扇屋

☎ 03（3811）1120

文京区本乡 5-26-5
从本乡三丁目地铁站 2・4 出口步行 5 分钟
营业时间　9 时 ~19 时
休息日　周日
停车场　无
地区配送　有

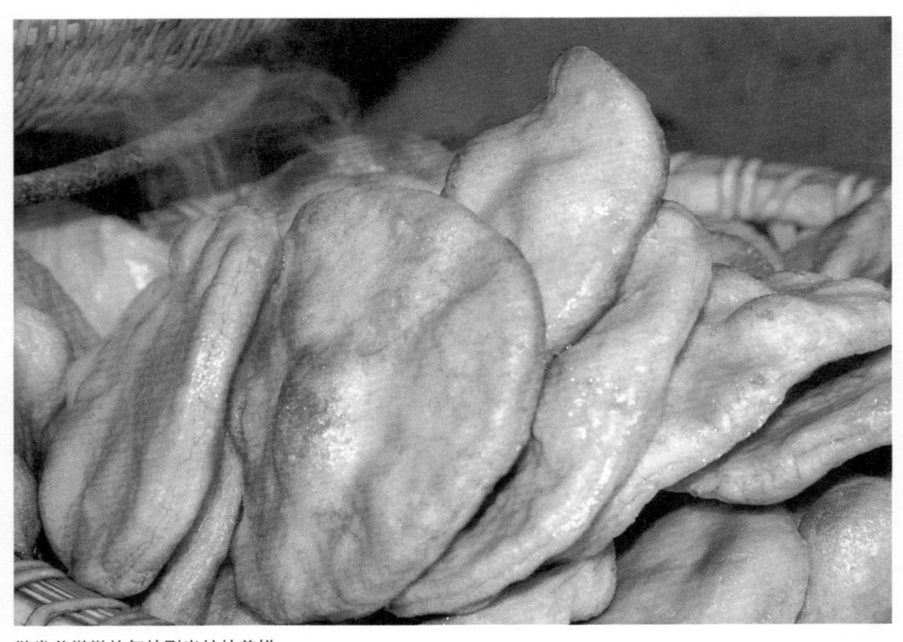
散发着微微热气的刚出炉的煎饼

煎饼 日乃出煎饼屋

大正2年(1913)，现任第三代店主的祖母，即初代店主，在荒川区千住开了一家粗点心店，顺便卖卖煎饼。之后，二代店主吉原经营了20多年煎饼店，直到三代店主继承后才将店铺搬到了浅草。

以茨城县白米为原料的煎饼由技术熟练的行家一个一个亲手烤制而成，富有嚼劲，轻轻咬一口下去，煎饼的香气立刻萦绕在口中，是从初代奶奶那传下来的绝品。煎饼那不加修饰的外表、不会腻烦的口味，从以前开始就拥有了大批粉丝，甚至在浅草演艺大厅里进行演出的艺人中也颇具人气。其中，漫画家内海桂子是这家店的常客。特上手烧煎饼的袋子上印着内海画的鬼灯市，每次内海来店时，都会在画册里画点东西，甚至连标题为“浅草日的出历”都有。

店里有4种煎饼，分别是坚硬特上手烧、比一般煎饼更

注入心血的亲手制煎饼 向人们传达令人怀念的奶奶的味道

正在认真烤着一个个煎饼的第三任店主

商品目录

特上手烧 / 个 ……………………… 105 日元
大判烧 / 个 ……………………… 130 日元
江户小丸 /10 个 ……………………… 420 日元
脆饼干 /20 个 ……………………… 525 日元

日乃出煎饼屋

☎ 03（3844）4110

台东区浅草 1-26-4
从浅草地铁站 1 出口步行 7 分钟
营业时间　10 时 ~19 时
休息日　无
停车场　无
地区配送　有（部分商品不支持配送）

特上手烧煎饼上画着内海桂子的画

大的大判烧、小号的江户小丸、小而柔软的脆饼干。只要能算准时间点，就能买到刚出炉的热气腾腾的煎饼哦。

金锷烧保持着创业初的味道

金锷烧

德太楼

在浅草寺背面，言问路一条朝北的小巷里有一家纯和风的店，与旁边修饰整齐的花草从十分般配。据说这一带古时是花街柳巷，热闹时每晚街上都洋溢着歌唱声和弹琴声。

虽然如今已不同往日，但正如现在被当地人称作观音里花柳街那样，每当日落时分，依旧能够在街上看到来来往往、打扮艳丽的艺人们。

金锷烧是该店在明治36年(1903)开创以来的招牌美食，用豆沙馅和洋粉混在一起制成四角形，浇上溶于水中的小麦粉，用芝麻油在铁板上烤，是一种朴实而备受人们喜爱的和果子。

德太楼的金锷烧用铜板替代了铁板，其馅与皮完美融合，每一面均通过手工烤制。作为平均日销售量为500~600个，在除夕夜甚至能卖出2000个以上的超人气商品，甚至曾经在吉原摆小摊出售，艺人中也有许多这款商品的粉丝。

频获艺人们钟爱
铜板手工烤制的传统味道

活用了豇豆涩味，色泽美丽的赤饭

店主增田善一

老顾客频频光顾

另一种德太楼引以为豪的商品是赤饭，它使用了佐贺县产的被称为“比翼持”的糯米，豆子用的是备中不倒翁豇豆。赤饭不添加防腐剂和着色剂，却呈现出自然的红色，得归功于豇豆的涩味。另有大小合适的小盒装，方便用于活动和喜事的3合装和5合装。

商品目录

金锷烧 / 个	126 日元
赤饭 / 盒	420 日元
铜锣烧 / 个	178 日元
蛋糕馒头 / 个	157 日元

德太楼

☎ 03（3874）4073

台东区浅草 3-36-2
浅草地铁站 6 出口步行 15 分钟
营业时间　10 时 ~19 时
休息日　周日（随当季活动有所变动）
停车场　无
地区配送　有（部分商品不支持配送）

每个煎饼都嚼劲十足

煎饼

都煎饼屋

从 JR 日暮里站北口朝谷中银座稍微步行一会儿，再按看板指示，朝去往朝雕馆的方向左拐，左手边有一条有拱廊的微暗的小巷——初音小路。在这条狭窄的小巷上，居酒屋和小饭馆一家挨着一家，基本上都在傍晚开始营业，仅有一家店——都煎饼，是从早上开始营业，并以手工烤煎饼闻名。这条小巷也因此总是充满着煎饼的香气。

上代店主长年在文京区根津的煎饼店修学，并在昭和 27 年（1952）开了这家店，于平成 13 年（2001）去世。此后，这家店就一直由他的老伴儿及其儿子负责经营至今。母亲负责给煎饼涂上调料，儿子负责去烤。母子二人靠着从丈夫（父亲）那学来的技艺，互相配合，一直守护由先代店主独创的口味。

店内的煎饼品种多样，除了极具人气的硬煎饼之外，还有特辣三味唐辛子饼和中辣唐辛子饼，芝麻、海苔、粗糖、

在令人怀念的粗点心店风的店内
母子二人守护着祖辈独创的口味

进负责烤

给煎饼涂调料的美纱

富有人气的赠礼用组合

商品目录

硬煎饼 /6 个 ………… 350 日元
三味唐辛子 /6 个 ………… 300 日元
粗糖饼 /6 个 ………… 350 日元
芝麻饼 /8 个 ………… 350 日元
多口味组合装 ………… 1400 日元起

都煎饼屋

☎ 03（3828）4435

台东区谷中 7–18–13

从 JR 日暮里站北口步行 5 分钟

营业时间　9 时 ~18 时
休息日　周一（每月有一次周日）
停车场　无
地区配送　有

虾仁、大蒜饼，青海苔饼以及味噌饼。

店铺装潢古色苍然，煎饼装在木头和玻璃组成的古色古香的容器内或是带白铁皮盖子的圆玻璃瓶中。不论店面还是店员，都给人一种怀旧的感觉，让人不禁想到令人怀念的粗点心店。

儿子伊藤进与母亲美纱

150 年未变的招牌商品——栗子善哉

梅园 栗子善哉

梅园始创于安政元年（1854），店铺开设在连接浅草仲见世西边的一条小巷里。初代店主曾经在浅草寺山内一座名为梅园院的小寺院里开了一家茶店，据说店名也源于寺院名。

店铺开创初的名产品——栗子善哉，现在也依旧是招牌商品。长时间以来人们只能在店内品尝，后来应顾客的迫切要求，从平成 13 年（2002）起也能外带了。

梅园的栗子善哉里，有用传统做法加入年糕，花费一整天时间蒸熟后半捣碎的饼黍。北海道十胜产的红豆馅的甜味与饼黍特有的酸味完美拼凑在一起，令人回味无穷。由于外带与店内出售的商品合在一起也只制作当日的分量，所以每天出售量是有限的，经常会出现售罄的情况。商品内不含任何添加剂，好不容易买到后最好尽快食用。

西伊豆产的石花菜做成的寒天，以及使用了多种传统配

浅草寺参拜时不能不尝的人气商品
红豆馅与饼黍的精妙组合

外带用的豆沙水果凉粉，糖水中散发着石花菜的香气

甜品茶馆的店头成了小卖店

较大的铜锣烧也有很多粉丝

商品目录

栗子善哉 / 个	525 日元
豆沙水果凉粉 / 份	399 日元
铜锣烧 / 个	199 日元
喫茶・葛粉条	651 日元

梅园

☎ 03（3841）7580

台东区浅草 1-31-12
从浅草地铁站 1 出口步行 5 分钟
营业时间　10 时～20 时
休息日　每月周三不定期两次
停车场　无
地区配送　有（部分商品不支持配送）

方加红糖浓汁的豆沙水果凉粉，还有比一般尺寸大一圈的铜锣烧，都非常适合做伴手礼。店内也有出售糯米圆子豆沙水果凉粉、水果蜜豆、葛粉条等，许多女性去浅草寺参拜，归途中顺便来店，十分热闹。

让收礼者惊喜的竹皮米大福

米大福

竹隆庵岗埜

根岸周边，受惠于音无川的清流，这一带曾经是大米的种植地。在这片土地上有这样一种风俗，人们筛出作为年贡上缴的上等米，用掉落的米（粉米）来制成饼，称为粉米饼。

江户时代中期，音无川边上一家茶店用这种饼裹住馅，献给第五代上野轮王寺宫公弁法亲王（宽永寺御门主）。亲王大喜，并赐其“米大福”之名。文献调查结果显示，将这种广受老百姓喜爱的点心以现代风复原并进行重制的，就是竹隆庵岗埜的米大福。

米大福的皮使用当年收货的新米制作，皮表被烤得香喷喷，引出了更多大米自身的风味。其中有白饼和艾草饼两个品种，不论哪一种，其微咸的皮与用经过严选的北海道产红豆制成的馅绝妙地呼应在一起，美味十足。

店内各种引以为豪的商品摆放成长列，有具有独特条纹的让人联想到老虎的虎烧、含有一整个特大栗子的烘焙栗子

经现代风复原而重生
宽永寺御门主赐名的铭果

铜锣烧有栗子和金橘两种口味

商品目录

米大福 / 个 …………………………… 210 日元
竹皮米大福 /8 个 ……………………… 2520 日元
铜锣烧 / 个 ……………………………189 日元
烘焙栗子馒头 / 个 …………………… 242 日元

竹隆庵岗埜

☎ 03（3873）4617

台东区根岸 4-7-2
从 JR 莺谷站北口步行 7 分钟
营业时间　8 时～19 时（周日、节假日营业至 18 点 30 分）
休息日　周三
停车场　3 台
地区配送　有

馒头、北海道产的小豆馅与碎粟子组合在一块的金锣烧、添加金箔的长寿梅（红梅樱馅和青梅白馅两种）等。

装饰店面的糕点艺术

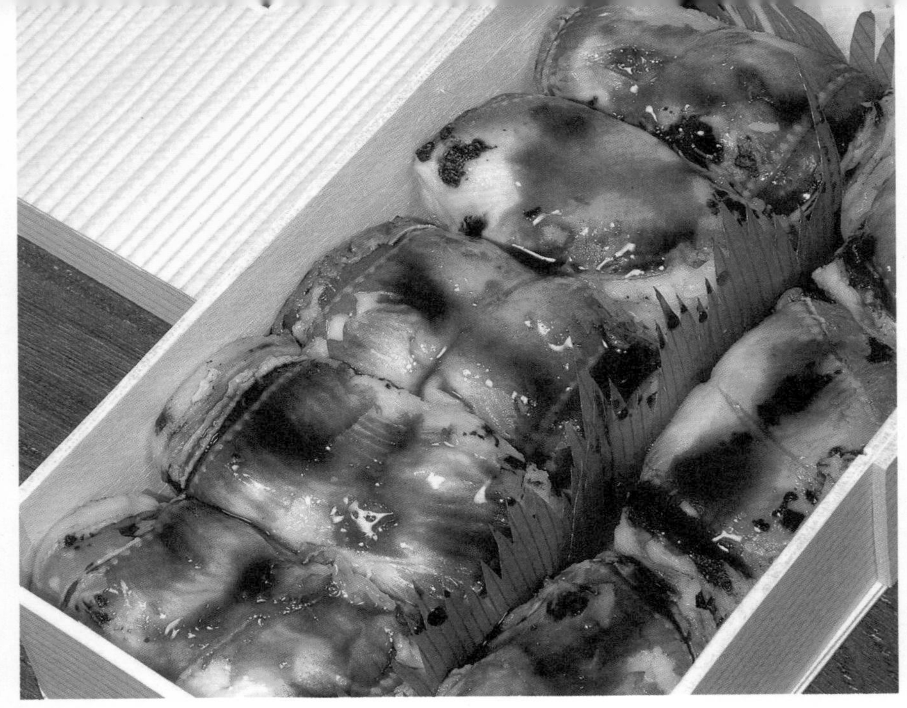

1 盒 8 个穴子寿司

穴子寿司

乃池

乃池是面朝谷中三崎坂的一家江户前寿司店。店主野池幸三曾在日本桥的吉野鮨修学 15 年，之后在昭和 40 年（1965）独自开店，是一位有着超过 50 年手握寿司经验的大行家。

寺町到谷中一带许多人会点外卖，要求打包的客人也不在少数，所以乃池下了一番功夫，创造出了经过一段时间也不会变硬、还能保持原味的名产品——穴子寿司。与江户前招牌料理一样，采用了东京湾产的柔软且富有嚼劲的鳗鱼。店主说道，其他产地的鳗鱼，总缺少一种风味。煮鳗鱼是江户前的一种基本操作，而乃池在握寿司前还会用火轻烤，香味扑鼻。将穴子寿司放入口中，绝品的鳗鱼和独特的寿司米饭在舌尖上缠绕，美味得令人一时失语。

其他寿司的材料主要用的是关东周边水域刚捕上来的新鲜的鱼。金枪鱼也是专门用来生吃，至今为止决不使用冷冻

当地以海鳝鱼为特产的手握寿司 不负江户前之名的绝品

行家——泷泽澄雄

产品。寿司米用的是新潟县产的越光水稻，不添加甜料酒、砂糖和酒，仅用醋和盐按传统做法来制作寿司饭。

除穴子寿司之外，鸡蛋、葫芦干、鳗鱼卷在一起的太卷也很适合用于赠礼。

商品目录

穴子寿司 / 盒 ………………………… 2500 日元

太卷 / 盒 ……………………………… 1600 日元

乃池

☎ 03（3821）3922

台东区谷中 3-2-3

从千驮木地铁站 1 出口步行 3 分钟

营业时间　11 时 30 分 ~ 14 时、16 时 30 分 ~ 22 时（周日、节假日为 11 时 30 分 ~ 20 时）

休息日　周三

停车场　无

地区配送　无

能享受到当旬寿司原料的手握寿司

装满馅的吊钟最中

吊钟最中

墨田园

龟户天神东边的真言宗之寺——普门院，原先位于比现所在地更往北的隅田川附近。据说在元和元年（1615），寺院要转移到龟户的时候，船上堆积的梵钟不小心掉入了隅田川里，之后人们再也无法挂起梵钟，不久这一带就被称为钟渊（现堤路3丁目）。

墨田园开创于明治7年（1874），现店主为第六代。以钟渊的故事为背景的吊钟最中是在昭和初期由第三代店主设想得出。据说当时店主骑着挂有上书“吊钟最中”旗帜的自行车在周围来回奔走，努力进行宣传。付出终有回报，昭和9年（1934）的国产制果品评会上，吊钟最中荣获金奖，成为往后70余年代表当地的著名糕点，备受人们青睐。

吊钟最中分淡粉色皮柚子馅、淡绿色皮抹茶馅和浅棕色皮小仓馅三种，尺寸分大和小。馅用的是北海道产的上

三种塞满的馅富有嚼劲的吊钟形最中

吊钟最中有三种馅。左起抹茶馅、柚子馅、小仓馅

第六任店主菱泽志郎

商品目录

吊钟最中大 / 个 …………………………… 200 日元
吊钟最中大 /5 个 ………………………… 1100 日元
吊钟最中小 / 个 …………………………… 125 日元
吊钟最中小 /6 个 ………………………… 880 日元

墨田园

☎ 03（3611）3386

墨田区墨田 4-9-17
从东武伊势崎钟渊站步行 2 分钟
营业时间　9 时 ~ 20 时
休息日　周二
停车场　无
地区配送　有

狭小整洁的店面

等红豆，不含任何添加剂，由第六任店主亲手制作。夏天能保存 1 周时间，冬天能保存 10 天至 2 周时间。

最具人气、带馅的狸猫形一个 84 日元。三笠山（左中）和津轻的太鼓（左上）带馅，红叶（右上）不带馅

人偶烧

山田家

山田家是一家以鸡蛋及食品批发商——山七食品为基础的店。初代店主在战后退伍，想着做点能用上鸡蛋的买卖，于是在昭和 26 年（1951）开创以人偶烧为重点商品的店。

人偶烧一般多数以七福神为原型或以歌舞伎为题材来创作成型，而这家店则是以当地流传的本所七不思议为主题。过去，七不思议各有一种形状，一共七种，如今仅剩“置行堀”的狸猫和“津轻之太鼓”的太鼓。这两种造型再加上红叶和三笠山，一共四种。其中最具有人气的是外表亲切的狸猫形，许多人只把狸猫形放入盒子中当作伴手礼。除“红叶”外，其他均带馅。

现任第二代店主不仅十分看重人偶烧的外形，对用料的要求也很严格。烤得正好的皮使用了低筋面饭和茨城县奥久慈产的鸡蛋，加上足量的房总莲花蜂蜜。馅采用了严

以本所七不思议为主题 外形可爱的百姓口味

店内飘着人偶烧的香味

格子、瓦等瓦煎饼
有 5 个品种

选出来的北海道产红豆和上等粗糖精心制作。略显大个、稍带甜味的人偶烧与日本茶十分般配。

以“含钙”为广告语的瓦煎饼作为伴手礼，也会令受赠者感到开心。

商品目录

人偶烧 / 个 ………………………… 31 日元起
人偶烧 /20 个 ……………………… 1050 日元
瓦煎饼 / 袋 ………………………… 315 日元起
瓦煎饼组合装 ……………………… 2310 日元起

山田家

☎ 03（3634）5599
墨田区江东桥 3-8-11
从 JR 锦糸町站步行 2 分钟

营业时间　9 时 ~ 20 时
休息日　1 月 1 日
停车场　无
地区配送　有

一心专注于走这条路的行家——川口清

能享受碎芝麻、黄豆面、青海苔三种口味的小梅团子

小梅团子

埼玉县小梅

明治 30 年（1897），初代店主以自己出生地的县名作为店名开始创业，在那之后，店主以店铺所在的街道名有关联的“小梅团子”的发售为契机，把以前的店名“埼玉屋”和“小梅”结合在一起作为新店名（颇有渊源的街道名“小梅”在昭和 39 年被废除）。

昭和 12 年（1937），初代店主在跨隅田川的言问桥东侧的牛屿神社附近，开设了一家埼玉屋分店。总店现在正向埼玉县埼玉市转移。

第三任店主——江原弘

有名的小梅团子由三个大又圆的糯米团子

软绵绵的樱桥馒头

一齐品尝三种口味 圆胖的团子串垂涎欲滴

橱窗里摆放着埼玉屋小梅的自信作

串在竹扦上，从上往下分别撒满碎芝麻、黄豆面、青海苔，其中撒黄豆面的是带梅肉的白豆馅，撒碎芝麻和青海苔的是豆沙馅。一串小梅团子就能同时尝到三种口味，人气不减当年。

昭和 62 年（1987），为纪念言问桥上流步行专用的樱桥竣工，雕饰樱花包裹豆沙馅、一口大小的樱桥馒头应运而生。馒头皮表装饰着盐渍樱花，讨人喜爱。樱桥馒头还有春天限定款，用切碎的樱花制成粉色的馅。

店内休息处除了和果子、凉粉外，还能购买到赤饭、油炸豆腐和海苔卷等小吃。

商品目录

小梅团子 / 串 ………………………… 180 日元
樱桥馒头 / 个 ………………………… 140 日元
喫茶・凉粉 ………………………… 350 日元
喫茶赤饭 / 碗 ………………………… 300 日元

埼玉屋小梅

☎ 03（3622）1214

墨田区向岛 1-5-5
从东武伊势崎线业平桥步行 8 分钟
营业时间　9 时 ~ 19 时
休息日　周一（1 号和 15 号为周一时改为周三）
停车场　无
地区配送　有（部分商品不支持配送）

创业以来保持原味的烤团子

烤团子

㊉伊势屋

特产店“米伊势”始创于明治 40 年（1907），店铺开设在深川不动堂（成田山新胜寺东京别院）前方。店名旁边的㊉标志，证明这是初代店主修学时待过的和式点心店“○米”的分号店。从创业开始保持不变的招牌商品，就是烤团子。上新粉（粳米粉）做成的大团子一串有 4 个，并涂满甜辣的调料。串团子还有红豆馅、紫菜、紫菜卷、芝麻等口味。但最接地气、销量最好的，依然还是烤团子。

店内除了各种团子之外，还有油炸豆腐寿司、卷寿司等传统美食，其中引人注目的是那些拥有独特名字的自创点心。以门仲町的通称“门仲”与“最中”命名的“门中”，据说是第四任店主本间秀治以曾经修学过的京都和式点心店里的点心味道为目标而创造出来的东西，用北海道产的大纳言红豆制成的馅有着淡淡甜味；用生巧克力裹住糯米并撒满可可粉的深川巧克力也是由秀治想出来的和洋折中

数不胜数的串团子中当属这个为最佳美味

填满馅的门中

小卖店呈宽敞的 L 型

点心。弹牙的糯米和入口即化的生巧克力交汇在口中，产生不可思议的口感，令人感到既新奇又愉悦。

这里的 1 楼和 2 楼还专门设有茶室，可供顾客吃便饭。

深川巧克力代表的不是人名，而是巧克力名

商品目录

烤团子 / 串	105 日元
多口味串团子 / 串	105 日元
门中 / 个	125 日元
深川巧克力 /6 个	580 日元

㊊伊势屋

☎ 03（3641）0695

江东区富岗 1–8–12
门前仲町地铁站 1 出口附近

营业时间　9 时 ~ 20 时 30 分
休息日　不定时
停车场　无
地区配送　有（部分商品不支持配送）

许多粉丝远道而来购买的元祖咖喱面包

元祖咖喱面包

Katorea

明治 10 年（1877），在深川常盘町（现常盘 1~2 丁目附近）开创的名花堂是 Katorea 的前身。昭和 2 年（1927），名花堂以“西餐面包”之名，开发了实用新上商品——元祖咖喱面包。当时东京大地震导致店铺被烧毁，为了重建店铺，现任第四代店主中天琇三的父亲丰治绞尽脑汁，才想出了这款商品。据说使用了在当时还是高级货的咖喱作为面包的馅，像炸肉排那样油炸，冠以“西餐面包”之名卖出，结果受到了意想不到的好评，顾客从四面八方蜂拥而至。

此后，咖喱面包的人气至今未衰减，现在还能做到一日卖出 800 个左右。面包的皮薄，内馅却大量加入了胡萝卜、洋葱等蔬菜和猪肉末这些配料塞得满满的。由于用了高级植物色拉油和棉籽油来炸，所以口感酥脆，并且有助于消化，特别受女性顾客的喜爱。

辣味咖喱面包一日制作4次，大致在7点、9点、11点、15点，

重建店铺而诞生的新面包
起死回生般的人气

豆沙馅配丹麦酥皮果子饼面团的深川红豆面包

店内摆放着种类丰富的面包

商品目录

元祖咖喱面包 / 个 ………………………… 137 日元
辣味咖喱面包 / 个 ………………………… 147 日元
深川红豆面包 / 个 ………………………… 158 日元

Katorea

☎ 03（3635）1464

江东区森下地铁站 A7 出口附近

营业时间　7时～19时（节假日8时～18时）
休息日　周日、节假日、周一
停车场　无
地区配送　无

算好时间过去就能买到刚出炉的面包。

顺便一提，进入平成后的人气商品，是用奶油丹麦酥皮包裹北海道十胜产的红豆馅和胡桃的深川红豆面包。

面包师 · 池田侘夫

祝日之果 常日之果

关于东京和京都的点心，正如《主妇之友》《营养与料理》的编者——近茶流宗家的折原敏雄说的那样，是“东男京女”。江户点心粗犷，受百姓喜爱，与粗茶淡饭般配。另外，千年古都底蕴的京都点心由于受茶道影响，婀娜品优，与抹茶和煎茶相配。京都点心适宜祝日食用，江户点心则可日伴食单，其不加修饰的味道广受好评。的确，龟户天神的船桥屋的葛饼、隅田川沿岸长命寺的樱饼、言问桥脇的言问团子等，都是从江户时代起有名的点心。在现代的文京区、小石川长大的我们姐妹几人，新学期开始前总要去龟户天神参拜勉学神，品味了在船桥屋吃葛饼的乐趣。我怀孕时去人偶街的水天宫参拜，回去路上要买的礼物就一定是重盛永信的人偶烧。听说用蜂蜜蛋糕作为面团加入豆沙馅的人偶烧有惠比寿、大黑、布袋、昆沙门、弁天、寿老人、福禄寿这七福神，不过确认之后只有 6 个。这是因为一份人偶烧的模具有六个面，两列各雕 3 个，福禄寿由于头太长，无法被雕上去。

◉品川・目黑・大田区

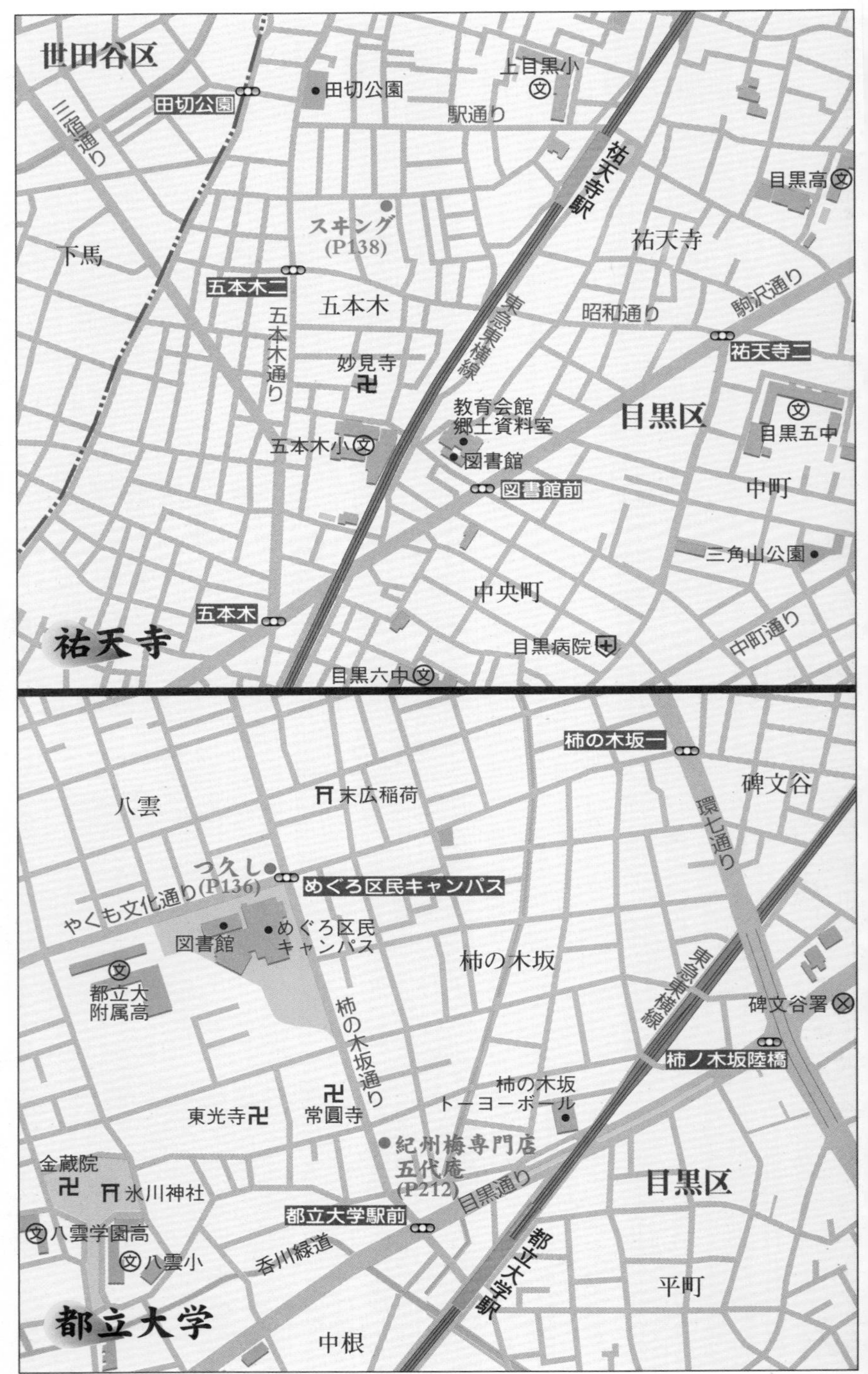
世田谷区
田切公園
田切公園
上目黒小
駅通り
三宿通り
祐天寺駅
目黒高
スキング
(P138)
下馬
祐天寺
五本木二
五本木
五本木通り
東急東横線
昭和通り
駒沢通り
祐天寺二
妙見寺
教育会館
郷土資料室
目黒区
目黒五中
五本木小
図書館
図書館前
中町
三角山公園
中央町
五本木
中町通り
祐天寺
目黒病院
目黒六中
柿の木坂一
碑文谷
末広稲荷
八雲
環七通り
つ久し
(P136)
めぐろ区民キャンパス
やくも文化通り
図書館
めぐろ区民
キャンパス
柿の木坂
東急東横線
都立大
附属高
碑文谷署
柿の木坂通り
柿ノ木坂陸橋
柿の木坂
トーヨーボール
東光寺
常圓寺
紀州梅専門店
五代庵
(P212)
金蔵院
氷川神社
目黒通り
目黒区
都立大学駅前
八雲学園高
八雲小
香川緑道
都立大学駅
平町
都立大学
中根

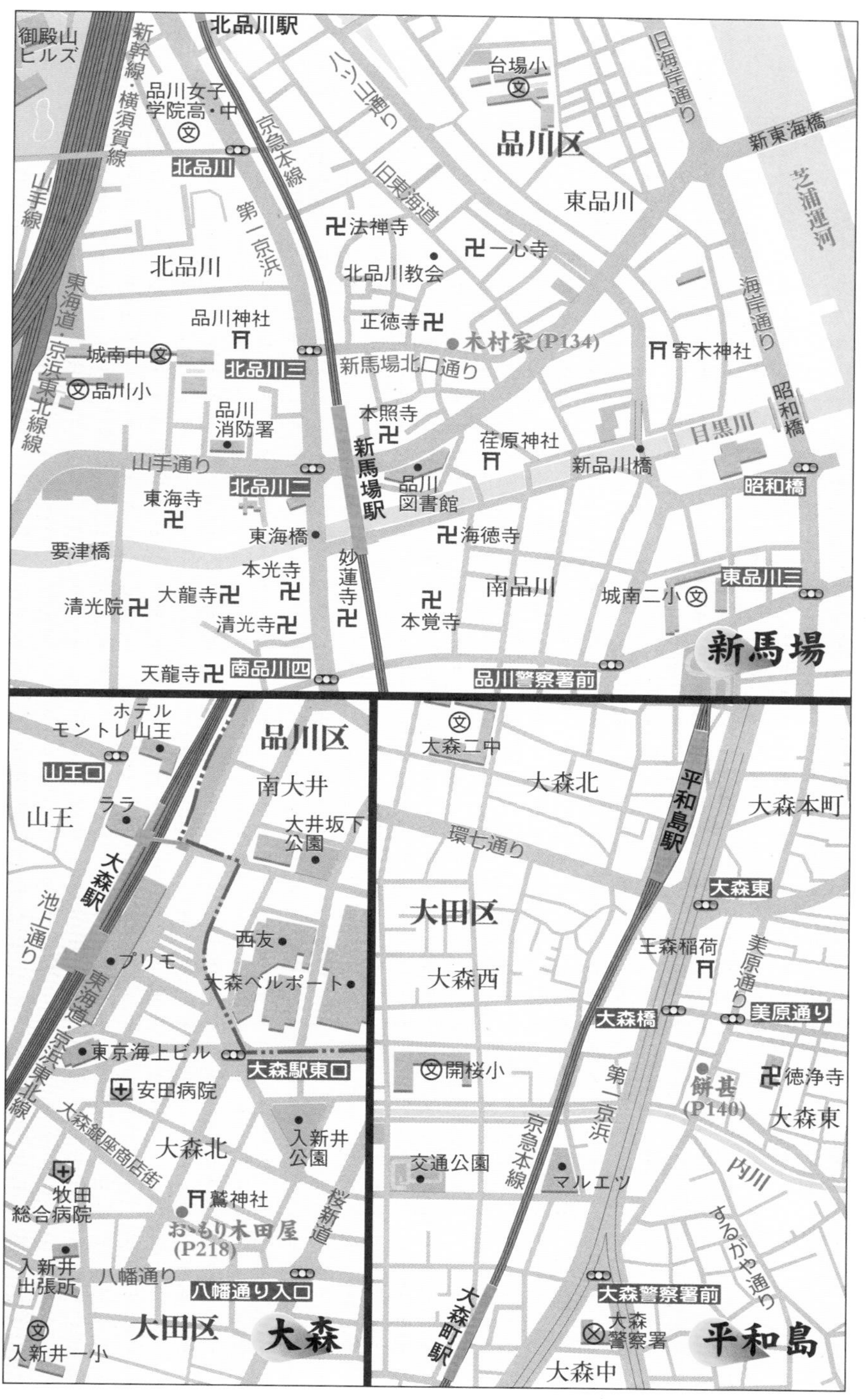

1：10,000 0 200m

地図の方位は真北です

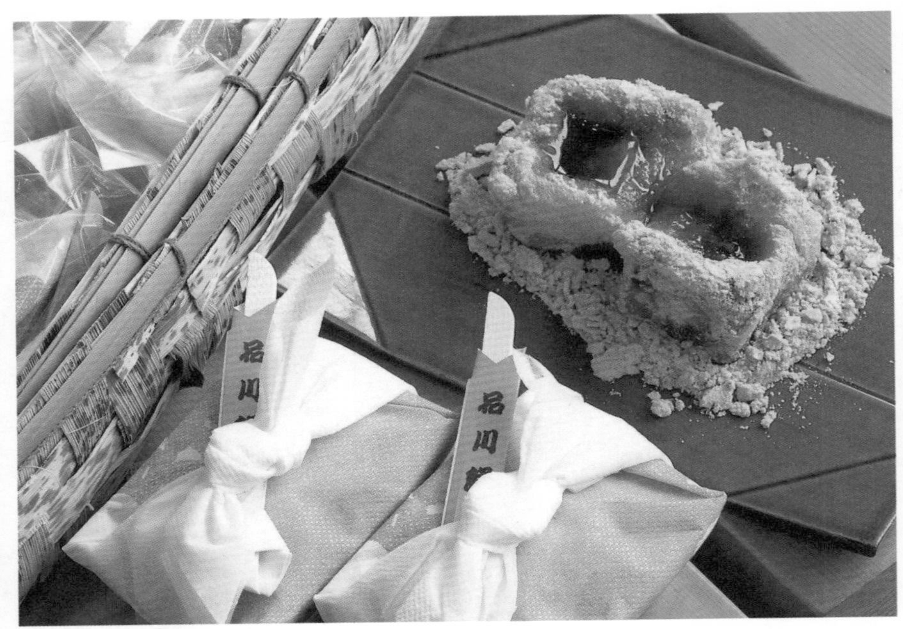

浇上特制满满红糖浓汁，引人欲食的品川饼

品川饼

木村家

据说在江户时代，曾作为东海道初宿（驿站）而热闹非凡的品川，有一种类似于大福、被称为“品川饼”的名产，深受常在旅馆落脚的游客欢迎。已故的木村家第三代店主将这种饼以现代风加以重制和创造，成为招牌商品“品川饼”。

制作时先用水把糯米圆子粉搅拌后蒸熟，加入粗糖蜜熬制后倒入蜜饯小豆搅拌，整理成形后撒上黄豆面。做好的年糕从第一步到装入容器打好包装，全是手工操作。微甜的年糕与黄豆面完美融合，加之浇上红糖浓汁，口感和风味更上一层楼。以品川的蓝色大海与帆船为印象设计的包装纸观感清爽。

第四代现任店主木村真基面向情人节想出的巧克力是和洋折中的可爱自创点心。以白豆馅和鸡蛋为基础，加入小麦粉和粳米粉制成的海绵蛋糕为基底，揉成圆形将内馅子包住，外层涂上巧克力。巧克力再用多彩的包装纸包住，

受落脚休息游客喜爱
具品川宿因缘的名点心横空出世

外表与原物一模一样的糯米饼“蚕豆”

包装精美的巧克力

商品目录

品川饼 / 个	120 日元
品川饼 /6 个	900 日元
巧克力 / 个	80 日元
蚕豆 / 个	100 日元

木村家

☎ 03（3471）3762

品川区北品川 2–9–23
从京滨急行本线新马场站北口步行 3 分钟
营业时间　8 时 30 分 ~ 21 时
休息日　周三
停车场　无
地区配送　无

广受女性欢迎，有蓝莓和木莓两个品种。另一方面，一口大小的糯米饼“蚕豆”也非常赞。它是用糯米包住豆沙馅，在最后一道工序挤进黑羊羹汁，与其名字一样，外形仿制成蚕豆形状。木村家在全国果子大博览会上获得过各种奖项，所有奖状都被装饰在店铺内。

各种奖状装饰在店内

使用大量丹波产的大黑豆的黑豆大福

筑紫 黑豆大福

明治 44 年（1911）被丢弃在中国东北的初代店主，在太平洋战争结束后回国，开创了“筑紫”。他的儿子杉浦恒雄说道：“父亲当时在中国大陆雇了很多人做买卖。”初代店主制作和果子的技艺被儿子继承，再由恒雄传给了下一代儿子秀和。

早上 5 点左右就开始制作的黑豆大福，使用了丹波产的最高级黑豆和北海道十胜产的小豆，淡咸味的黑豆与上等甜馅完美融合。由于一天只制作 200 个左右，有时候在中午就告售罄。不使用任何添加剂、防腐剂，所以买来的当天就是保质期。

糯米整个包住一个青梅的“青梅”，糯米和梅子的酸甜味十分搭配，因为不过是一口的大小，让人吃了一个忍不住伸手再拿一个。除此之外，店内还摆放着令人回味无穷、用上等材料做成的多种商品，如黑糖铜锣烧、用三盆糖蒸的蜂

活用极品黑豆咸味畅销的招牌点心

梅子的酸与红豆馅的甜融合的“青梅”

蜜蛋糕“和糖松风”、最上等粳米做的赤饭等。店铺是瓦屋顶的纯粹和风构造。

商品目录

黑豆大福 / 个	170 日元
“青梅” / 个	170 日元
铜锣烧 / 个	160 日元
和糖松风 / 个	130 日元

筑紫

☎ 03(3724)0294

目黑区八云 4-5-6

从东急东横线都立大学站步行 8 分钟

营业时间　8 时 30 分 ~ 18 时 30 分 (暑期 ~ 19 点)

休息日　周二

停车场　1 台

地区配送　有 (部分商品不支持配送)

第三任店主杉浦秀和夫妻

莫扎特是店主铃木引以为傲的巧克力蛋糕

莫扎特 SWING

在幽静的住宅街，一栋漂亮的早期美国风的三层建筑惹人注目。一楼经营着洋果子，二楼经营着小餐馆，并且一周仅营业3天。对此，店主兼西点师的铃木博士说道："我想慢慢地花工夫去做我想做的东西。"

铃木与作为第一任店主的父亲花费20余年，担任派遣研修生到瑞士里士满西方学校的中介的同时，自身也于昭和47年（1972）前往法国，以阿尔萨斯为据点行走于欧洲各国，并在美国、澳大利亚、亚洲各国磨炼洋果子和料理制作的技艺。也曾在各地的料理学校担任讲师，现在除了自己经营叫作swing的小店，还开设了洋果子课堂和料理课堂。

莫扎特巧克力蛋糕是铃木的自信之作，黄油蛋糕上涂满

不辱大作曲家之名
能让店主引以为豪的口味交响乐

1 楼有时尚的饮茶处

商品目录

莫扎特 /5 个 ······························ 1050 日元
橘子巧克力 / 盒 ··························· 840 日元
蔬菜乳蛋饼 / 块 ··························· 350 日元
橄榄蛋糕 / 条 ····························· 1200 日元

SWING

☎ 03（3714）0625

目黑区五本木 1-40-5
从东急东线祐寺站西口步行 5 分钟
营业时间　11 时 ~20 点时
休息日　仅周五、周六、周日营业
停车场　3 台
地区配送　有

馈赠口碑良好的橘子巧克力

巧克力，顶部表面用金粉勾勒出莫扎特的乐谱。使用了地中海产的苦橘皮做成的橘子巧克力也好评如潮。所有原材料均通过海外进口。此外蔬菜乳蛋饼和橄榄蛋糕也颇有人气。

浇上红糖浓汁，撒满黄豆粉方可品尝的安倍川饼

安倍川饼

饼甚

饼甚建在延伸到平和岛站东的美原路上，曾经游客们熙熙攘攘的旧东海道一角，是一家创业于享保元年（1716）的和果子老店。据说这家店起源于以前住在骏河国（现静冈县）安倍川河畔的甚三郎离开故园在此地开设茶馆，当时名为“骏河屋”，大正时期第八代店主将店名改成了现在的“饼甚”。到现任店主，已经是第十代传人了。

安倍川饼一般会将烤好的饼加上砂糖和黄豆粉来吃，而饼甚的安倍川饼则用红糖浓汁取代了砂糖。这种红糖浓汁的配方是秘密中的秘密，除了后人决不外泄，无疑是家传之味。口感极佳的一口大小的丸饼，用的是宫城县产的一种名为小金持的上等粳米制成。香喷喷豆子香气的黄豆粉、浓稠的红糖浓汁以及小金持饼共同带来深邃的美味，令人吃过一次便无法忘怀。

遊菓里虽然远没有安倍川饼那样深的历史渊源，但作为

家传红糖浓汁内有大文章 超越故乡美味的绝品

季节和式点心盖子上的图案会随着季节改变，装在圆盒里的遊菓里

手制安倍川饼的店主夫人

伴手礼同样能令人欣喜。五种左右的季节和果子拼放在圆盒里，轻便又讨喜，在女性客户中评价很高。盖子上的图案随季节而变，绣球花、喇叭花、红叶、梅花等，妙趣横生。

商品目录

安倍川饼 /18 个 ……………… 650 日元
安倍川饼 /24 个 ……………… 850 日元
遊菓里 /1 盒 ……………… 840 日元起

饼甚

☎ 03（3761）6196

大田区大森东 1-4-3
从东滨急行本线平和岛站东口步行 5 分钟
营业时间　8 点 30 分至 19 点
休息日　周二
停车场　无
地区配送　有（部分商品不支持配送）

古色古香的店铺内景

百味馅饼拾遗

“凌晨四点，匆匆经过江户日本桥……”小时候经常哼唱的日本桥，是当时江户时代旅行的起点。当时东海道、中山道、日光街道、甲州街道、奥州街道五大街道上因以大名行列和来来往往的旅客而显得热闹非凡。其余韵就是现在街边随处可见的团子店和饼店。特别是饼的用处最多，以正月的镜饼为首，小孩子在1岁时要背的饼，七三五的庆祝饼、人偶节的菱饼、上梁仪式的投饼等。粳米粉做成的赏月团子、彼岸团子、草团子等各地名产保留了下来。捣好的饼撒上黄豆面的安倍川饼，据说是在静冈县安倍川畔的茶馆给德川家康献上的食品，现在也在新干线内售卖。葛饼原本是一种用葛粉做成饼后撒上黄豆面的点心，在关东则用小麦粉和面粉做成饼后蒸，再撒上黄豆面，浇上糖蜜食用。樱饼在关西的做法是用蒸熟的糯米、干燥后的道明寺粉裹住馅来蒸，关东做法则是用小麦粉溶水后像做咖喱饼那样烘烤，再在里面包上馅儿。同样用樱花叶包住的粉色点心在关东和关西的材料截然不同，这点十分有趣。说起来，我们小时候常把和果子称作“年糕点心”。往外地走时不时就能看见饼屋和点心屋的招牌。

◉世田谷・涩谷区

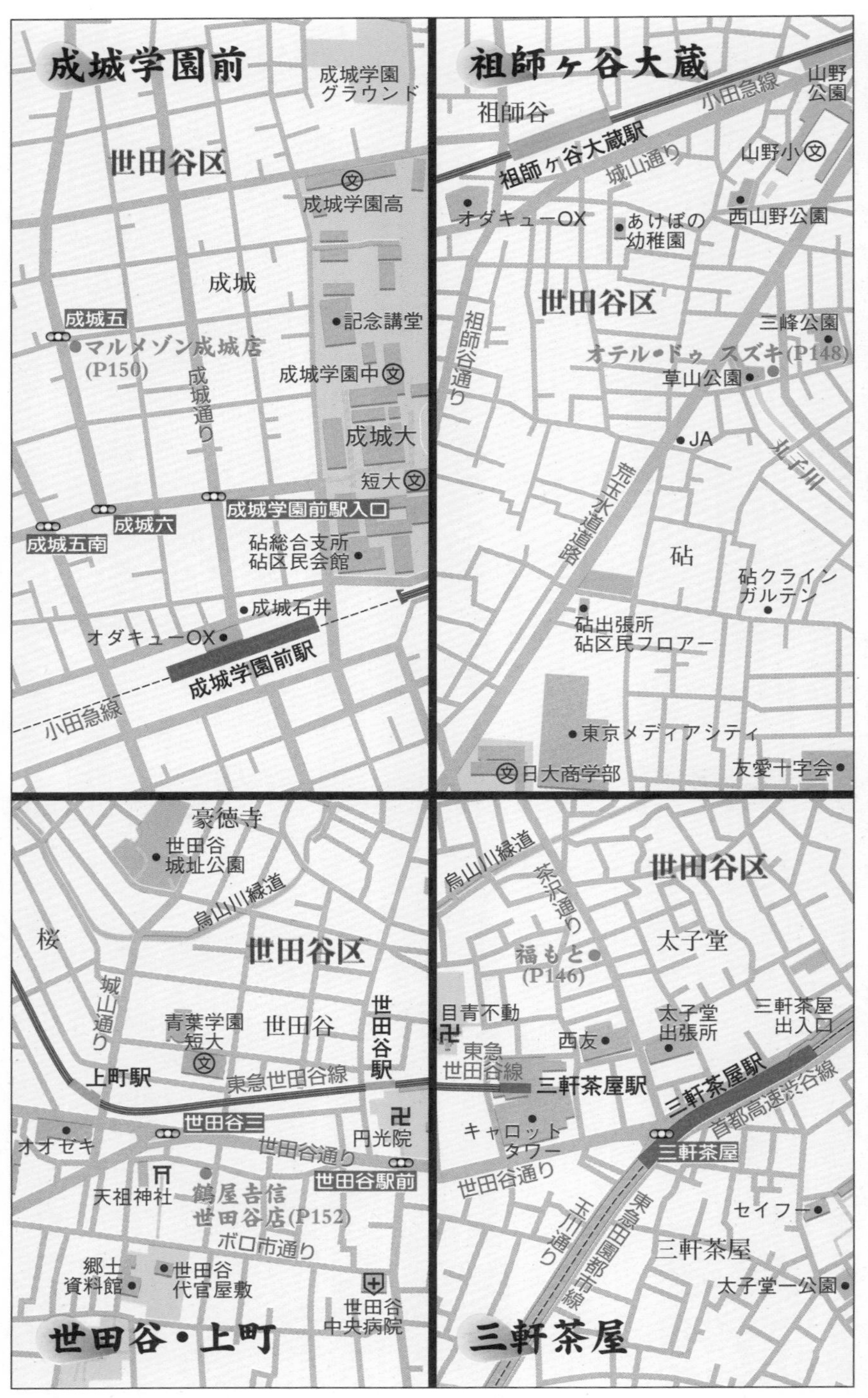
成城学園前
成城学園
グラウンド
世田谷区
成城学園高
成城
記念講堂
成城五
マルメゾン成城店
(P150)
成城通り
成城学園中
成城大
短大
成城学園前駅入口
成城六
成城五南
砧総合支所
砧区民会館
成城石井
オダキューOX
成城学園前駅
小田急線
祖師ヶ谷大蔵
山野
公園
小田急線
祖師谷
祖師ヶ谷大蔵駅
城山通り
山野小
オダキューOX
あけぼの
幼稚園
西山野公園
世田谷区
三峰公園
祖師谷通り
オテル・ドゥ スズキ(P148)
草山公園
JA
丸子川
荒玉水道道路
砧
砧クライン
ガルテン
砧出張所
砧区民フロアー
東京メディアシティ
日大商学部
友愛十字会
豪徳寺
世田谷
城址公園
烏山川緑道
桜
世田谷区
城山通り
青葉学園
短大
世田谷
世田谷駅
上町駅
東急世田谷線
世田谷三
円光院
オオゼキ
世田谷通り
世田谷駅前
天祖神社
鶴屋吉信
世田谷店(P152)
ボロ市通り
郷土
資料館
世田谷
代官屋敷
世田谷
中央病院
世田谷・上町
烏山川緑道
茶沢通り
世田谷区
太子堂
福もと
(P146)
目青不動
太子堂
出張所
三軒茶屋
出入口
西友
東急
世田谷線
三軒茶屋駅
三軒茶屋駅
首都高速渋谷線
キャロット
タワー
三軒茶屋
世田谷通り
玉川通り
東急田園都市線
セイフー
三軒茶屋
太子堂一公園
三軒茶屋

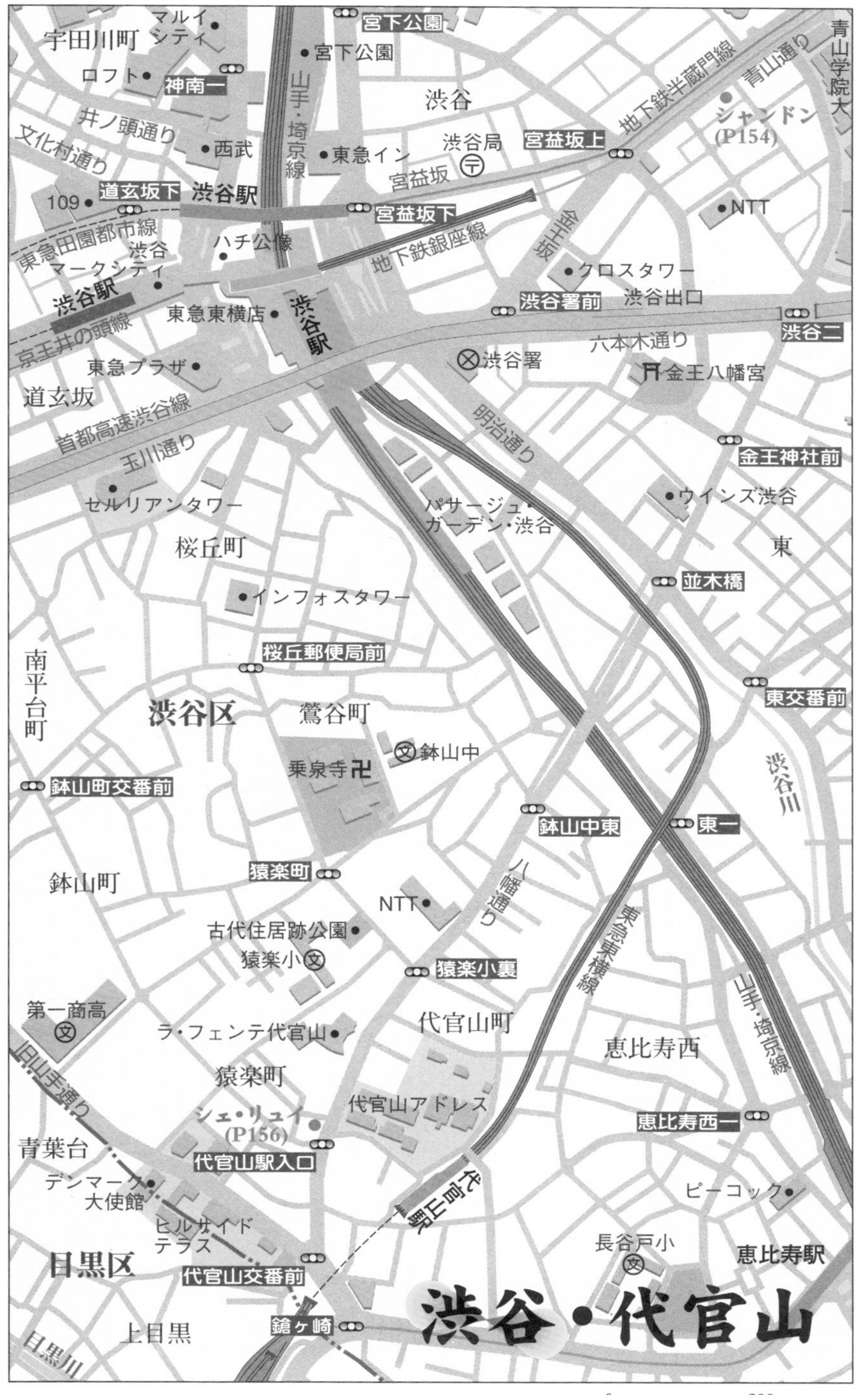
渋谷・代官山
宇田川町
マルイシティ
ロフト
神南一
宮下公園
井ノ頭通り
文化村通り
西武
渋谷
山手・埼京線
東急イン
渋谷局
宮益坂
宮益坂上
地下鉄半蔵門線
青山通り
青山学院大
シャンドン
(P154)
109
道玄坂下
渋谷駅
宮益坂下
地下鉄銀座線
東急田園都市線
渋谷マークシティ
ハチ公像
金王坂
NTT
クロスタワー
渋谷署前
渋谷出口
東急東横店
京王井の頭線
渋谷二
六本木通り
東急プラザ
渋谷署
金王八幡宮
道玄坂
首都高速渋谷線
明治通り
玉川通り
金王神社前
セルリアンタワー
パサージュ・ガーデン・渋谷
ウインズ渋谷
東
桜丘町
インフォスタワー
並木橋
桜丘郵便局前
南平台町
東交番前
渋谷区
鶯谷町
鉢山中
乗泉寺
渋谷川
鉢山町交番前
鉢山中東
東一
猿楽町
鉢山町
八幡通り
NTT
古代住居跡公園
東急東横線
猿楽小
猿楽小裏
第一商高
ラ・フェンテ代官山
代官山町
恵比寿西
旧山手通り
猿楽町
山手・埼京線
シェ・リュイ
(P156)
代官山アドレス
恵比寿西一
青葉台
代官山駅入口
代官山駅
デンマーク大使館
ピーコック
ヒルサイドテラス
長谷戸小
恵比寿駅
目黒区
代官山交番前
鎗ヶ崎
上目黒
目黒川
1:10,000
0
200m
地図の方位は真北です

浇上红糖浓汁，充实的馅具有重量感的太子最中

福本 太子最中

据说三轩茶屋的太子堂是在距今 1200 多年前平安时代初期，圣德太子托梦给弘法大师空海，让空海建造起来的。福本的太子最中的名字也源于此传说。其外形仿造的是与圣德太子气质相适，四君子梅、竹、兰、菊中的菊，与天皇家的纹章图案不重叠，花瓣有 16 片，皮中央的“太”字鲜明瞩目。馅的甜味至今未变，初代店主创造的口味被后代牢牢守护。

这家店铺的第一代发起人是现在的第三代传承人福本金保先生的父亲的伯父。父亲作为初代店主的弟子，以初代店主决定在中国大连开设和果子店为契机，于昭和 6 年（1931）被嘱托照料店铺并以第二任店主的身份承袭。受初代店主教授的和果子做法的影响，第二任店主始终把“和式点心的基本是馅”作为信条，对任何有关馅制作的事项决不妥协。金保先生对馅制作的热情绝不亚于前代、前前代，

干净有致的店内景象

酸甜适中的杏子派

在这条道上走了 40 多年的行家——佐藤力

外形雅致的菊花状皮里夹裹着代代相传的秘制馅

他所继承的技艺也得到了认可，太子最中在全国果子博览会上荣获名誉金牌奖，在仅针对馅的品评会上获得全日本技能大奖。除此之外，用派皮包住大粒杏子的杏子派也是富有人气的零食。

商品目录

太子最中 / 个 ………… 126 日元

太子最中 /10 个 ………… 1260 日元

杏子派 / 个 ………… 147 日元

杏子派 /12 个 ………… 2017 日元

福本

☎ 03（3421）0866

世田谷区太子堂 4–27–11

从东急田园都市县三轩茶屋站北口步行 3 分钟

营业时间　10 时 ~18 时 30 分（周日、节假日营业至 18 时）

休息日　周二（彼岸、盂兰盆节等祭典为第二天）

停车场　无

地区配送　有

装满胡桃的恩格地纳

恩格地纳

铃木宾馆

店主兼西点师的铃木铁士在巴黎的克里雍大饭店(Hotel de Crillon) 和维也纳的海纳 (Heiner) 钻研学习之后，担任东京一家有名的洋果子店的西点师，于平成 7 年 (1995) 独立出来自己开设了这家店。此后 8 年内，分别开了玉川高岛屋、吉祥寺隆隆 (LONLON) 等四家洋果子店，在世田谷一带广为人知。

恩格地纳 (Engadiner) 原本是瑞士的一个地名，该地因盛产胡桃而闻名，从很久之前起传到县这片土地上的胡桃同样也被称作恩格地纳。

该店的恩格地纳点心是将传统的名点结合日本人的口味，由铃木独创而成。添加碎胡桃、蜂蜜、生奶油、黄油等奶糖状的糖馅儿，用切成大块的油酥蛋糕围起来。湿润饱满的口感十分适于下午茶。

餐后甜点的香草奶油蛋糕主要使用了马达加斯加产的天

一种很久之前瑞士传来的甜软胡桃点心

铃木引以为傲的洋果子摆放在橱窗中

店主兼西点师的铃木铁士

商品目录

恩格地纳大 …… 2520 日元
恩格地纳小 …… 1260 日元
香草奶油蛋糕 / 个 …… 399 日元
果酱 …… 367 日元

铃木宾馆

☎ 03（3417）0377

世田谷区砧 4–5–26
从小田急线祖师谷大藏站步行 6 分钟
营业时间　9 时 ~19 时 30 分
休息日　周三
停车场　无
地区配送　有（部分商品不支持配送）

然香兰草做成的焦糖布丁，轻软的口感和自然的风味非常赞。

或是因为成长于和果子店，铃木十分注重季节感和材料新鲜度。所做的点心均用当季当旬的原材料，少量制作。店铺里 4 成的点心都会随季节而变化。

香草奶油蛋糕（左）

水果色彩美丽的法式蛋糕

蛋糕
Malmaison

住宅街一角有一栋外观时髦的法式蛋糕店，店主是在日本构筑起属于洋果子的一个时代的大山菓藏。大山在巴黎习得的蛋糕柔嫩且颜色鲜艳，原材料的味道充分得到激发。这种欧洲风味的蛋糕一经问世立即成为话题，圈粉无数。大山门下出了众多手艺精湛的西点师，广为人知。

大山的信条，首先就是注重原材料。他还特别坚信，那些注重表现出水果色香味的蛋糕，才是法式点心的精髓。果是如此，蛋糕和奶油点缀着时令水果，如同宝石般灿烂夺目。据说里面的大蓝莓是当地成城产的。在设计夏天食用的蛋糕卷时，因为可供选择的水果已有美国产的大颗草莓，因此店主干脆将草莓切碎，混入清爽的酸奶奶油中，作为蛋糕卷的涂层。

除了 25 种在橱窗经常见的蛋糕，也不断按季节推出新品。店主说，有些蛋糕做腻了，即使是基本款，也会经常去

多彩的季节水果
正是这款法式点心的精髓

切面有如万华镜的春天（Printemps）蛋糕卷有切片装和成卷装

商品目录

春天蛋糕卷 / 块 …………………… 400 日元
慕丝水果蛋糕 / 个 ………………… 400 日元
蒙布朗蛋糕 / 个 …………………… 370 日元
奶油味蛋卷 / 个 …………………… 370 日元

Malmaison 成城店

☎ 03（5490）1639

世田谷区成城 6-25-12
从小田急线成城学园前站步行 7 分钟
营业时间　9 时 30 分 ~19 时
休息日　周一（节假日照常营业）
停车场　有
地区配送　无

改变原来的味道。真是进取心满满。

平成 13 年（2001）搬来的这家店直接利用了一整栋独栋房。花朵随季节变换在庭院盛开，品味高雅的室内装饰，明亮的阳台等在成城的太太们之间也非常有人气。

铺设有地板的清洁店面。有温室，二楼有单人房间

仿名水观世井水纹的京观世

京观世

鹤屋吉信

鹤屋吉信在京都创业于享和3年(1803),是皇室、王府、茶道宗家、神社寺庙的御用老店。该店在昭和35年(1960)打入东京,并在都内各商场开设分店。即便在东京,也能品尝到古雅的京都口味。

与能乐宗家“观世家”有因缘的“京观世”,是用蓬松的村雨卷上以上等丹波大纳言红豆制成的小仓馅的点心。切口处观世水的花纹十分显眼。小仓馅和村雨两种不同口感的食物在舌尖上停留,令人不禁想一尝究竟。此外还有限期出售的白小豆翁京观世、抹茶风味的绿京观世、栗子京观世。

与京观世齐名的名点心代表“柚饼”,是第三代店主伊兵卫想出来的点心。年糕发出阵阵柚子的清香,和三盆糖甘润的甜味更是增添不少风味。青柚子皮色淡而美。为纪念创店200周年仿造柚子外观的包装也是妙趣横生。还有用牛皮糖包住完全成熟的蓝莓的蓝莓饼,许多人会连同

散发古都风雅的香气
与能乐名门有因缘的名点心

容器外观和真实的柚子一样，里面装着柚饼

商品目录

京观世 / 个 ………………………… 1365 日元

翁京观 / 个 ………………………… 1785 日元

缘京观世 / 个 ……………………… 1890 日元

柚饼（柚子形）/ 个 ………………… 525 日元

蓝莓饼 / 盒 ………………………… 630 日元

鹤屋吉信世田谷店

☎ 03（3426）7155

世田谷区世田谷 1-23-20
从东急世田谷线上町站步行 2 分钟

营业时间　9 时 ~18 时（周日、节假日营业至 17 时）

休息日　周三

停车场　无

地区配送　有

柚子饼一起购买。

具有季节感的点心也多种多样。如夏天发售具有清爽口感的 TSURU 凉凉，表面上会有烟花、七夕纹样的棹点心等。

店内稳重宁静的京都风装潢

用巴黎车站命名的 Mabiyon 甜度恰到好处，口感也很不错

Mabiyon 酩悦

酩悦（Chandon）是一家创立于昭和 52 年（1977）、销售咖啡与洋果子的综合店铺，主打“巴黎风味”。店铺名称源自于以 Dom Pérignon 等品牌闻名的法国香槟制造商酩悦香槟（Mot & Chandon）。酩悦的人气商品当属店主兼菓子师傅清水纯的得意之作—— Mabiyon。Mabiyon 是用两片涂抹了巴旦杏奶油的曲奇，在里面夹巧克力奶油制作而成的半鲜果子。两种奶油在舌尖交融，味道浓厚而又不甜腻，口感也比看上去更绵柔细腻。有不少人在店铺内咖啡席享用 Mabiyon 时喜欢配一杯咖啡，也有很多人把它当作礼物馈赠亲朋好友。

清水先生曾在南法的尼姆和巴黎进修过 3 年，据说 Mabiyon 是清水先生在巴黎进修时经常乘坐的地铁车站的名字。

限定当年 10 月至次年 6 月对外发售的“单元巧克力”，

融入进修时代的回忆
人气第一的原创果子

单元巧克力 10 月至次年 6 月限定发售。

商品目录

Mabiyon/ 个 ······ 180 日元
Mabiyon/8 枚装 ······ 1575 日元
单元巧克力 / 袋 ······ 630 日元
单元巧克力 / 盒 ······ 1050 日元

酩悦

☎ **03（3400）8198**

涩谷区涩谷 2-9-2 JR 涩谷站南口步行 8 分钟

营业时间　9 时 30 分~20 时（星期日、节假日　9 时 30 分~19 时 30 分）
休息日　全年无休
停车场　无
地区配送　支持

是把圆形饼干的半边裹上一层牛奶巧克力做成的，口感也非常不错。

酩悦家的特色在于不论是蛋糕还是饼干类，基底都使用巴旦杏。另外，酩悦所使用的巧克力全部来自比利时的皮拉托斯公司。

安静别致的咖啡席

小盐焗开胃饼干派，乐享 8 种口味

代官山 小盐焗开胃饼干派

当你打开盖子，就能看见把铁罐塞得满满当当的饼干派，小巧别致、五颜六色，大小像年糕方块。饼干派有 8 种口味，分别是花椒、橄榄、海带、鲜虾、巴旦杏、芝士、芝麻和紫菜。因为所有口味的饼干派都是盐焗的，所以很适合配上一杯啤酒或是威士忌。在法国，无论是派对或其他场合，从很久以前人们就有一边享用加料吐司（canape）和鸡尾酒或是开胃酒搭配小小的盐焗饼干之后，一边举杯畅饮的习惯。

代官山（Sheryui）的小盐焗开胃饼干派没有加入砂糖，并且个头比法国产的饼干派还要小。入口即化，也很适合上了年纪的人群。黄油与饼干派的制作素材非常搭调，培育出了极具个性的美味。

代官山还有一款烤制果子与小盐焗开胃饼干派十分相像，叫作小奶油果泥饼干派。杏仁、葡萄干、蛋白酥、蔬菜、水果、巧克力粉等 7 种口味的果子满满盛了一罐，这种烤制

铁罐里塞满的八种口味小小盐焗派

微甜的小奶油果泥饼干派，7 种口味的烤制果子满满当当

果子的个头比小盐焗开胃饼干派略大、口味微甜，适合搭配红茶和咖啡。

店内整齐陈列着各式各样的蛋糕和面包，另外还开设了咖啡屋。

商品目录

小盐焗开胃饼干派 / 盒 ………………… 1470 日元
小奶油果泥饼干派 / 盒 ………………… 1470 日元

代官山

☎ 03（3476）3853

涩谷区猿乐町 23-2 东急东横线代官山站步行 2 分钟

营业时间　9 时 ~22 时
休息日　全年无休
停车场　无
地区配送　支持

店内同时开设了咖啡屋

东京洋果子之町

“喜欢吃点心的巴黎小姑娘，城里甜品店的巧克力泡芙……”我的孩提时代，大约是尚未感受到战争影响的昭和 15 年。将泡芙外壳烧制成船型，然后中间夹上蛋奶羹，每当我与这种西点邂逅，就会感觉到自己变成了憧憬中的巴黎小姑娘。时至今日，每次吃巧克力泡芙时，脑海依旧会浮现出这首香颂。制作西点的技术随洋食一道传入日本，是江户末期，主要由英、法国领事馆工作的厨师以及基督教相关人员传入的。早在安土桃山时代，海外贸易兴盛，砂糖传入日本，日本人又从葡萄牙人那里学会了做蛋糕、饼干和南洋点心等。在第一次世界大战之后，日本人自定居日本的德国人那里学会了制作年轮蛋糕等德系西点，在德系西点风靡日本的同时，也有越来越多的日本人奔赴瑞士、法国以及澳大利亚等地研修西点制作技术。不仅是巧克力泡芙，凡在巴黎流行的西点转眼间就能在日本的西点店上架销售。在世田谷、涩谷区，除了 Hotel de suzuki、Marumezon、Chandon 和 Sheryui 之外还有很多漂亮的西点店铺，光是看到橱窗里的展示品就足以激动人心了！

◎中野・衫并・丰岛・练马区

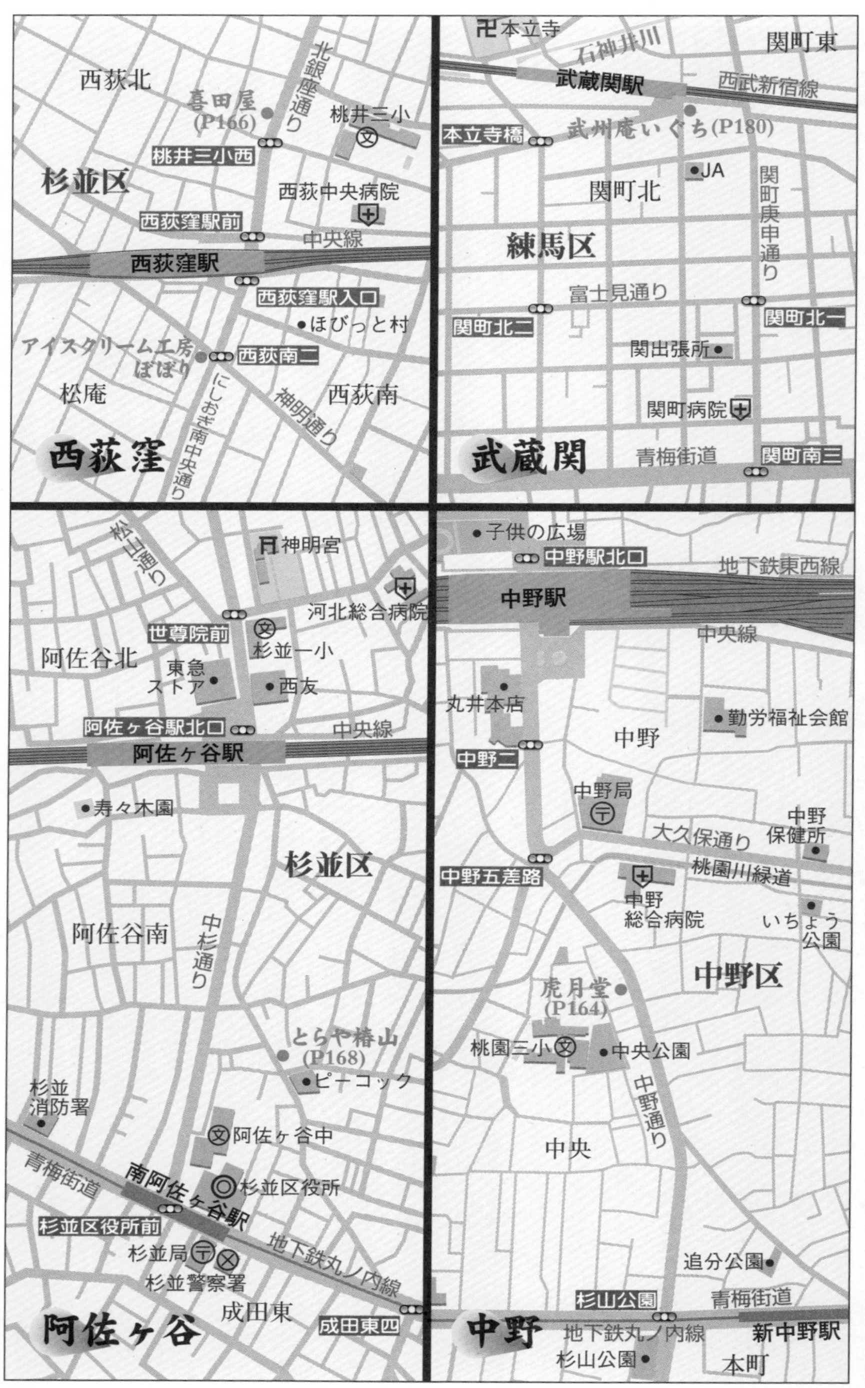
西荻窪
西荻北
喜田屋
(P166)
北銀座通り
桃井三小
桃井三小西
杉並区
西荻中央病院
西荻窪駅前
中央線
西荻窪駅
西荻窪駅入口
ほびっと村
アイスクリーム工房
ぽぽり
西荻南二
にしおぎ南中央通り
神明通り
松庵
西荻南
武蔵関
本立寺
石神井川
関町東
武蔵関駅
西武新宿線
本立寺橋
武州庵いぐち(P180)
JA
関町北
関町庚申通り
練馬区
富士見通り
関町北二
関町北一
関出張所
関町病院
青梅街道
関町南三
阿佐ヶ谷
松山通り
神明宮
河北総合病院
世尊院前
杉並一小
阿佐谷北
東急
ストア
西友
阿佐ヶ谷駅北口
中央線
阿佐ヶ谷駅
寿々木園
杉並区
阿佐谷南
中杉通り
とらや椿山
(P168)
ピーコック
杉並
消防署
阿佐ヶ谷中
青梅街道
南阿佐ヶ谷駅
杉並区役所
杉並区役所前
杉並局
地下鉄丸ノ内線
杉並警察署
成田東
成田東四
中野
子供の広場
中野駅北口
地下鉄東西線
中野駅
中央線
丸井本店
勤労福祉会館
中野
中野二
中野局
中野
保健所
大久保通り
中野五差路
桃園川緑道
中野
総合病院
いちょう
公園
中野区
虎月堂
(P164)
桃園三小
中央公園
中野通り
中央
追分公園
杉山公園
青梅街道
新中野駅
地下鉄丸ノ内線
杉山公園
本町

桜台
東長崎
新井薬師前
駒込
鬼子母神前
桜台駅北口
桜台駅
西武有楽町線
西武池袋線
桜台駅前
千川通り
湖月庵 芳徳 (P182)
豊玉二小
保健相談所
中新井公園
豊玉上
環七通り
地下鉄大江戸線
練馬区
豊玉陸橋
豊玉二中
目白通り
豊玉北
東急ストア
東長崎駅
長崎
南長崎六
大和田通り
西友
西椎名町公園
鶴吉青柳 (P178)
南長崎
目白通り
南長崎通り
稲荷神社
豊島区
新宿区
西落合
地下鉄大江戸線
松が丘
西武新宿線
新井小前
中野通り
新井
亀屋 (P162)
新井薬師前駅
新井薬師公園
新井薬師
上高田本通り
薬師あいロード商店街
丸正
新井一
上高田
中野区
薬師柳通り
薬師但馬屋 (P214)
新井東公園
西ヶ原
霜降橋
北区
女子栄養大
地下鉄南北線
西中里公園
プランタン (P174)
中里
妙義児童遊園
豊島区
駒込
本郷通り
豊島駒込公園
丸角せんべい (P176)
駒込図書館
血液センター入口
アルプス洋菓子店 (P172)
駒込駅
染井通り
山手線
駒込駅前南
文京区
目白警察署
千登世橋
教育文化センター
鬼子母神前
雑司が谷
鬼子母神表参道
南池袋小
目白
学習院大
弦巻通り
小倉屋 (P170)
雑司が谷公園
日本女子大体育館
明治通り
都電荒川線
高田一
目白通り
四つ家公園
不忍通り
文京区
目白台
千登世橋中
豊島区
高田
目白台二
日本女子大
学習院下
高南小
1：10,000
0
200m
地図の方位は真北です

曾在全国果子大博览会获得金奖的药师最中

龟屋 药师最中

龟屋总店位于台东区浅草桥，创业于宽正 8 年（1796）。昭和 5 年（1930），龟屋自立门户，另设新店。店内墙壁上挂有一块榉木招牌，上面自右向左雕刻着“龟屋”二字，这种风格给人以不愧是传承老字号的名店的感觉。

龟屋在新井药师供奉各种各样的和果子，药师最中也正是缘此而生。内馅有豆沙馅、带皮小豆馅和栗子馅三种。红豆选用的是北海道产大纳言红豆，栗子只用口感极佳的上等栗，不仅是红豆和栗子，所有材料都尽可能使用日本本国产的。不仅龟屋的第 2 任店主遵循着“自家生产制作材料”这一理念，还有他的助手——将来的第 3 任店主也充分继承了这个理念。

龟屋的畅销商品还有大栗馒头，是用北海道产大福豆做的白豆沙馒头和一整颗大个栗子制成的，制作馒头时控制了甜度，所以栗子本身的香味更加浓郁。夏季特别推荐麸馒头，

三种口味夹馅饼无论哪一个都好吃 这多亏了新井药师的功劳！

店内墙上挂着老招牌　彰显着店铺风格

麸馒头是将经杵捶打 30 分钟左右的生麸包上豆沙馅，然后煮熟并用小竹叶包好。麸馒头冷藏后再食用的话，更能体现其香味和口感。

商品目录

药师馒头 / 个 ………………………… 160 日元
药师馒头 /6 枚装 ………………………… 1150 日元
大栗馒头 / 个 ………………………… 240 日元
大栗馒头 /6 枚装 ………………………… 1640 日元
麸馒头 / 个 ………………………… 158 日元

亀屋

☎ 03（3386）2229

中野区新井 5-25-5
西武新宿线新井药师前站步行 2 分钟
营业时间　9 时 40 分~19 时 30 分
休息日　星期三
停车场　无
地区配送　支持

包裹整颗栗子的大栗馒头

引以为豪的黄玉满使用大个饱满的栗子

虎月堂 黄玉满

虎月堂创立于昭和 42 年（1967），虽然历史有些短，但是虎月堂始终坚持手工制作和果子。黄玉满就是秉承如此“顽固”的理念而制成的果子，是虎月堂为之骄傲的招牌产品。让店长日野贤一引以为豪的“不输给任何人”的大个栗子，是直接和爱媛县的长滨农协签约购买的。剥皮、煮熟、腌制等步骤全部在生产地进行，因此新鲜栗子丰富的口味丝毫不会损失，可以维持一年不变味。

日野先生介绍，手的温度也能左右黄玉满的味道。他说：“在和面时让面团进入适量空气，烧制后会变脆，形成一种独特的口感。这样的手法反映了和面人的个性，能烧制出属于自己味道。”承载着这种理念的黄玉满，用口感十足的薄皮包裹着栗子，一口咬下去，栗子的芳香在口中氤氲开来，味道软润香甜，后味也很清新爽口。

不只是黄玉满，虎月堂大多数和果子的特征都是用整颗

栗子个头超级大 外皮都快要撑破了

坚持手工制作的店长日野贤一

商品目录

黄玉满 / 个 ………………………… 250 日元
黄玉满 /5 枚装 …………………… 1420 日元
黄玉满 /10 枚装 ………………… 2710 日元
一时梅 / 个 ………………………… 200 日元

虎月堂

☎ 03（3384）0082

中野区中央 5-40-15-103
JR 中野站南口步行 6 分钟
营业时间　9 时 ~19 时（节假日 9 时 ~ 17 时）
休息日　星期日、每月第三个星期一
停车场　无
地区配送　支持

坚果或是水果制作而成。比如说用经过甘露煮的梅子外包蛋黄馅的一时梅就是其中一种。其中使用的梅子是群马县产的白加贺梅子，其种子小果肉厚，口感清脆可口，豆沙馅使用的是北海道产的白隐元，两种味道达到平衡，孕育出独特的味道。

一时梅，让人以为是熟透的黄桃

紫大福是使用了富含营养的黑米作原料的健康食品

紫大福

喜田屋

紫大福最大的特点是用黑米代替糯米制作年糕皮，而且年糕皮里面添加了海藻糖（有治疗骨质疏松症的疗效，别称“梦幻砂糖”）。虽然填入了满满的豆沙馅，但是制作时控制了其中的糖分，所以可以放心大胆地享受黑米独特的风味。

大约5000年前，黑米广泛地分布在印度河流域，又称“古代米”。现在黑米的主产地位于中国陕西省南部。黑米在中国，自古以来就是进献给皇帝的贡品，在日本，明治天皇即位时也要进贡黑米。黑米富含维生素和矿物质，适合给消化系统不好的

店铺的老板娘

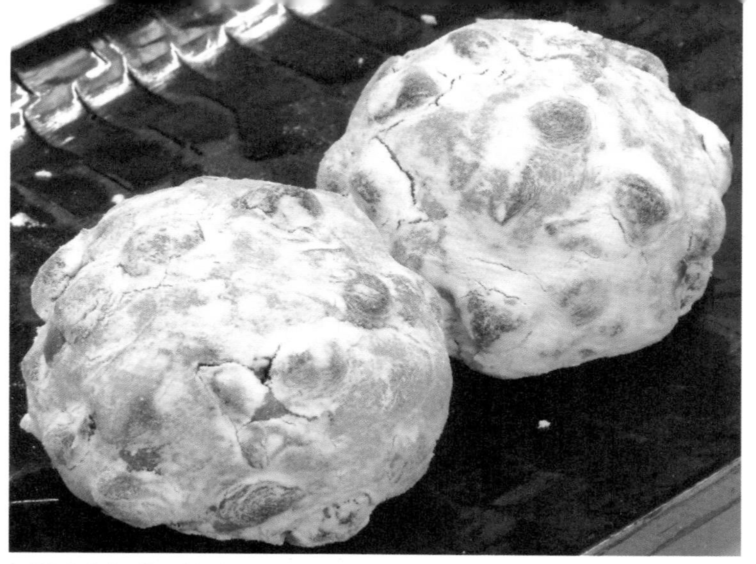
加了很多赤豌豆的豆大福也是人气商品

将黑米的风味和功效完整体现出来

人当作营养辅食。丰富的食物纤维可以强化器官动力、促进血液循环。黑米还具有消解肥胖和压力，缓解疲劳的效果，同时还能减少血液中的胆固醇，预防动脉硬化等中老年病，是绝佳的健康食品。豆大福的保存时限为 3 天，也可冷藏保存。

人气最高的豆大福加入了相当多的赤豌豆，因原材料有限，一天只能做 150~200 个左右，下午 3 点左右就会售罄。由于没有添加任何保鲜剂，所以需要当天食用。店内支持电话预约。

商品目录

紫大福 / 个 ………………………… 130 日元
豆大福 / 个 ………………………… 120 日元

喜田屋

☎ 03（3390）8903

杉井区西荻北 3-31-15
JR 西荻窪站北口步行 3 分钟
营业时间　9 时 ~ 20 时 30 分
休息日　星期一
停车场　无
地区配送　部分地区支持

店主上北昭一与夫人洋子

外形也像栗子的大栗馒头

大栗馒头

虎屋椿山

JR 阿佐谷站南口处有一条马路，两边排列着美丽榉木行道树。大正 14 年（1925），虎屋椿山在阿佐谷站南口附近开业，当时店名仅以“虎屋”相称。大正末期，阿佐谷还是一片乡村，经战后经济急速增长期发展成如今的景象，虎屋椿山也伴随着这座城市的发展史成长。从南口站前的骑楼街到珍珠中心，虎屋椿山都能作为阿佐谷的代表性老字号，深受当地人的喜爱。

虎屋椿山深感自豪的商品大栗馒头，正如其名，约有普通馒头大小的 3~4 倍，不愧为大栗馒头。外形也是栗子模样，白豆沙馅里包裹着整颗栗子。大栗馒头甜度掌握得恰到好处，拥有非常多铁杆粉丝，还有一口气能吃一整个大栗馒头的常客，也有不少客人专程从远方赶来购买。

桃山是用蛋黄馅包裹住整粒蜜饯青梅，作为七夕饼，源

大大的大栗馒头中包着整颗栗子

店铺里面有可以享用葛根凉粉、年糕豆沙汤的饮茶室

于阿佐谷夏季的风物诗“七夕祭”并在五日祭典期间限定发售。另外，一直坚守自创业以来口味不变的铜锣烧等也拥有热情的粉丝。

商品目录

大栗馒头 / 个 ………………………… 350 日元
桃山 / 个 ………………………… 180 日元
七夕饼 / 个 ………………………… 170 日元
铜锣烧 / 个 ………………………… 170 日元

虎屋椿山

☎ 03（3314）1331

杉井区阿佐谷南 1-33-5
JR 阿佐ヶ谷站南口步行 5 分钟
营业时间　10 时 ~20 时
休息日　全年无休
停车场　无
地区配送　支持

桃山入口梅香四溢

味道引人怀念的甜咸口味煎饼

煎饼 小仓屋

从将杂司谷一分为二的狭窄小路起向南略走几步，右手边就是小仓屋的所在地。标志就是在房檐下高高堆砌、用来装煎饼的铁皮四角桶。比起店铺，小仓屋的氛围更像是平民区的小工厂。

从店铺的造型来看，正如我们想象的那样，小仓屋主要以批发为主。店铺主人在昭和 23 年（1948）离开山形县寒河江市，来到琦玉县草加市煎饼店学习，仅仅用了三个月就独当一面，于昭和 24 年在此地创立店铺。他说："可能是我 14 岁到 21 岁一直在农村烧炭的缘故，我很快记住了煎饼的烤制方法。"

占用店内大半面积是制作煎饼的工作台，堆积着铁皮桶的角落，还预留出了零售用的小空间。

煎饼全部被做成一口大小的程度，主人把从家乡直送来的半成品煎饼在铁板上一块一块地烤制好。口味有甜咸、

煎饼十四种口味 令人怀念的小零食铺的味道

设在店内一角的陈列柜摆放着 14 种煎饼

正在把未烤制的煎饼摆放在铁板上的女主人阿福

商品目录

甜辣煎饼 / 袋 ……………………………… 200 日元
裙带菜煎饼 / 袋 …………………………… 200 日元
山葵煎饼 / 袋 ……………………………… 200 日元
鲜虾煎饼 / 袋 ……………………………… 200 日元

小仓屋

☎ 03（3983）3316

丰岛区杂司谷 1-5-2
都电鬼子母神前站步行 10 分钟
营业时间　9 时 ~19 时
休息日　星期天、节假日
停车场　无
地区配送　支持

裙带菜、山葵、鲜虾、大蒜等 14 种，其中特别是用粉末酱油和砂糖搅拌做成的甜咸煎饼始终保持着最初的味道，令人怀念不已。如果是昭和 20~30 年代出生的人，说不定会想起小时候在小零食铺买的煎饼吧？

周围地人们络绎不绝地光顾小仓屋，也昭示着小仓屋煎饼的优质和实惠。

大汗淋漓工作中的主人武田政敏

以新西兰产奶油芝士为原料的 le sourire

le sourire
ALPES 洋果子店

JR 驹込站北口不远处，有一座 6 层高的建筑正面本乡大道，ALPES 就位于此处。ALPES 的第 1 层是商店，第 2、3 层是咖啡厅，第 4 层是果子的加工车间，果子都是由经验丰富的果子师傅手工制作的。

第三代店主太田恭曾在日本国内学习 4 年，同时在法国、瑞士和澳大利亚等地进修 2 年学习制作果子。辅助店主的武藤真也也是一心制作果子的老手。

Le sourire（在法语中，le sourire 是“微笑”的意思）是里面加了足量奶油芝士的蛋奶酥芝士蛋糕，味道香浓芳醇。浓厚的奶油芝士是专门从新西兰专业制造商处进口的，为了不掩盖芝士的味道特意控制了甜度。正如它的名字一般，咬一口蛋奶酥就能不自主地露出微笑。

另外，自昭和 34 年（1959）创业以来就在制作的摩卡蛋糕卷也收获了“蛋糕卷中的阿尔卑斯”的好评。在又薄又

特意从原产地订购的专供奶油芝士醇厚香浓

加了足量黄油奶油的摩卡蛋糕卷是本店创立以来的固定商品

软的蛋糕上抹上大量黄油奶油再卷起来，味道一如既往地香醇浓厚。

还有用脆饼夹蛋奶羹、再从表面撒上巴旦杏碎的拿破仑蛋糕，草莓切片蛋糕也极具人气。

商品目录

le sourire/2 枚装 ………………………… 280 日元
摩卡蛋糕卷 / 个 ………………………… 240 日元
摩卡蛋糕卷 / 卷 ………………………… 1400 日元
拿破仑蛋糕 / 个 ………………………… 350 日元
切片蛋糕 / 个 ………………………… 370 日元

ALPES 洋果子店

☎ 03（3917）2627

丰岛区驹込 3-2-8
JR 驹込站北口步行 1 分钟
营业时间　10 时 ~20 时 30 分
休息日　星期二
停车场　无
地区配送　部分支持

橱窗中多得让人眼花缭乱的西点

可可味饼干是 Gatorezan 在市场脱颖而出的关键

普朗坦 Gatorezan

女子营养大学和香川营养专门学校的校园内都有西点作坊——普朗坦(Purantan)。店铺里整齐摆放的烤制果子、蛋糕和面包都是学生在专业西点师傅指导下完成的，接待客人的工作也是由实习中的学生负责的。每到周四，店里还会售卖由学生自己独立设计完成的蛋糕，周五也会卖学生独立制作的面包。因为烤制果子和蛋糕使用的材料十分讲究而且比市场价便宜，不论是自己吃还是送礼都一直很有人气。

Gatorezan 是用两片清爽干脆的可可味饼干，中间抹上放入葡萄干的黄油奶油再上下盖好做成的，是最具人气的伴手礼之选。饼干和浓厚的黄油奶油同葡萄干的酸味完美融合，味道既浓醇又清爽。包装分别有 10 枚装、12 枚装和 20 枚装，放在冰箱冷藏可以保鲜达一周之久。

另外，烤制果子还有椰子、芝麻和抹茶等口味的饼干，

女子营养大学西点作坊制作当地极具人气的经典的味道

蛋糕多使用当季水果

商品目录

Gatorezan / 个	158 日元
小罐装饼干 / 罐	1890 日元
红茶磅蛋糕	2170 日元
水果蛋糕	2730 日元

普朗坦

☎ 03（3576）2647

丰岛区驹込 3-24-3 女子营养大学 4 号馆 1 层

JR 驹込站起步行 3 分钟

营业时间　10 时 ~17 时 15 分（星期六 10 时 ~16 时）

休息日　星期天、节假日（另有夏休、东秀）

停车场　无

地区配送　可配送烤制果子

红茶、香橙口味的磅蛋糕还有加了足量发酵腌渍水果的水果蛋糕，可以根据预算选择各种果子组合购买。

蛋糕有牛奶拿破仑派、生芝士蛋糕及蒙布朗等 15~20 种。

负责接待的实习学生们

从烤硬大丸到软色拉煎饼，种类丰富

丸角煎饼

炸年糕丁、年糕片、煎饼

昭和 25 年（1950），在神田煎饼店进修过的初代店主创立丸角煎饼。第二任店主土屋正利坚持守护东京独有的煎饼味道，店内满满地摆放着的炸年糕丁和年糕片是绝对的主角。煎饼使用的是普通的粳米粉，而炸年糕丁、年糕片是用切碎的年糕再烤、炸制作而成的，年糕的口感越是糯滑、松软，越是能激发出硬烤年糕片的浓郁香气。店内引以为傲的商品烤硬年糕片，拥有拳头、王将、京角、铁火卷、老木等不管哪一个都听起来很坚硬的名字。

无论用粳米还是糯米，都是在色拉油里炸过做成的软煎饼，所以又叫作色拉煎饼。橱窗里不仅摆放着传统的黄油、酱油口味的煎饼，而且还准备了面向年轻群体的海苔、山葵、咖喱、明太子、色拉口味的煎饼，锅巴类型同样也大受好评。不管是直接用煮好的糯米，还是用粗磨粳米粒都一改原本的颗粒感，口感十足。

百吃不厌
东京平民区纯粹的味道

色拉煎饼、炸年糕丁的一角，无论哪个都因清脆口感大受好评

商品目录

色拉煎饼 / 袋 ………………………… 210 日元
炸年糕丁类 / 袋 ……………………… 368 日元
海苔炸年糕丁 / 袋 …………………… 440 日元
烤硬大丸 /5 枚装 …………………… 440 日元

丸角煎饼

☎ 03（3917）5695

丰岛区驹込 3-3-17
JR 驹込站起步行 2 分钟
营业时间　9 时 30 分 ~ 20 时
休息日　星期日
停车场　无
地区配送　支持

传统的烤硬大丸，酱油充分渗入，软而不糯；辛辣的辣椒煎饼，保持着和以前别无二致的平民品味；以及香气浓厚的大蒜煎饼；等等。店内的煎饼口味包罗万象。

守护东京煎饼风味的土屋正利

时常脱销的仙鹤馒头和东京麦麦

仙鹤馒头

四季菓 鹤吉青柳

四季菓店门口插着一把露天茶筵用的遮阳伞，是一家惹眼的东京风格和果子店。店内既安静又宽敞，在内侧位置还准备了供欣赏庭院用的雅致茶室。

四季菓创立于昭和5年（1930），由于创始人足立鹤吉曾在“青柳”进修，因此又取了“鹤吉青柳”之名。现任店主足立昭雄在继承传统味道的同时，还决心制作饱含真情的四季创新和果子。

四季菓的名品仙鹤馒头，其外皮用的是签约种植的北海道小豆为原料，将小豆去皮煮熟做成年糕外皮填入糯滑的红豆沙馅，再在里面放入一整颗大栗子，年糕外皮里也加入了伊势山药，因此也可以视作上等的山药馒头。这种店主认真严格制作的上等馒头一天只能生产200个，很多顾客被它的美味吸引，专程从远方赶来购买品尝。

和仙鹤馒头人气不分上下的东京麦麦，是珍视着大地的

在传统味道之上 加入新气息的和果子店

店铺内侧还设有茶室

店内洋溢着上等品的氛围

恩惠，激发了小麦醇香制作而成的烤制果子。因其耐存且名字有趣，所以作为东京的伴手礼有很高的人气。麸万头是用最上等的生麸加上海苔做成的生果子，其中被称为豆馅生命的红豆用的是丹波红菜豆。口感微甜柔滑，可谓绝品！据说四季菓还会为当地的茶馆供货，味道是绝对有保障的。

用小竹叶分别包好的麸万头

商品目录

仙鹤馒头 / 个 ………… 200 日元
东京麦麦 / 个 ………… 200 日元
麸万头 / 个 ………… 180 日元

四季菓　鹤吉青柳

☎ 03（3951）2574

丰岛区南长崎 5-29-11
西武池袋线东长崎站南口步行 1 分钟
营业时间　9 时 ~19 时 30 分
休息日　星期三
停车场　无
地区配送　部分支持

斗笠外形的武藏野关所最中，三种口味，随心挑选

武州庵井口

武藏野关所最中

武州庵井口已经创业 60 余年，位于西武新宿线武藏关站南口前。招牌上的武藏野关所最中命名于过去此地曾设置过的关卡。武藏野的关口夹馅饼有小豆、栗子、抹茶三种馅料，不论哪一种都芳香满溢、口味丰富。从挑选糯米开始用心地做成外皮，用这种外皮包裹馅料，更能激发出各种馅料本身的香气。并所最中作为练马区居民票选出的“练马 21 名品”之一，得到了顾客充分肯定。

用红豆馅包裹栗子，再从外侧包上掺有红豆泥的武州大纳言，是曾在全国果子大博览会获得会长奖的名品。无论是混入栗子还是加入巧克力，和洋果子——发童，深受孩童到老人各个年龄层的喜爱。另外，还有用芝士风味的外皮包裹苹果馅烧制的花鼓，月饼风的翠兰等生果子、烤制果子、季节果子，应有尽有。

虽然先代创始人匆匆离世，但是年轻的井口博一、井口

年轻两兄弟联袂搭档
被选为区名品的名果

发童（右）口感柔和，不论老少都很喜欢

商品目录

武藏野关所最中 / 个	136 日元
武州大纳言 / 个	157 日元
发童 / 个	136 日元
花鼓 / 个	157 日元

武州庵井口

☎ 03（3920）1351

练马区关町北 1-23-10

西武新宿线武藏关站步行 1 分钟

营业时间　8 时 30 分 ~ 20 时

休息日　星期二

停车场　无

地区配送　支持

正健两兄弟继承了店铺。兄弟二人决心在传统的味道上加入新想法，“想要做出不受时代因素影响真正的和果子”，并以此守护着父亲一手创立的武州庵。

利用年轻人的感受力，制作和果子的井口兄弟

左起顺时针分别为黑糖馅的松、梅馅的菊、柚子馅的枫三种舞扇

舞扇

湖月庵 芳德

湖月庵最先是做和果子批发，昭和 29 年（1954）转身进入零售行业。创始人曾在日本各地指导和果子的制作方法，是手艺高强的果子师傅。创始人创作的烤制果子——千川月，至今还在售卖。

现今，舞扇那讲究至极的纤细姿态和形状，是第二代主人在继承前人手法的基础上加以改良的。将和好的糯米粉放在厚厚的铁板上烧制成薄薄的扇面皮，且不能烧焦，这种薄薄的皮被称作"京种"，又称"削种"，是舞扇的一大特征。淋上软糖料，再用优雅的扇形外皮包起馅料，最后给面皮分别压印上 3 种别致的印章。带有松叶印章的是豆沙混合黑糖的大岛馅，带有菊花的印章是白豆沙馅混合梅肉的梅馅，带有枫叶印章的则是柚子馅的。据说盖印章可以让舞扇更香呢！因为舞扇的名字和形状十分喜庆，所以也经常用于喜事中。

享用前总想先欣赏一会儿的优雅外形

樱饼作为伴手礼不限量供应

商品目录

舞扇 / 枚 ······ 126 日元
舞扇 / 8 枚装 ······ 1113 日元
舞扇 /15 枚装 ······ 2100 日元
樱饼 / 个 ······ 168 日元
千川月 / 个 ······ 147 日元

湖月庵　芳德

☎ 03（3991）0955

练马区丰玉上 2-19-9
西武池袋线樱台站南口步行 3 分钟
营业时间　9 时 30 分 ~19 时
休息日　星期日
停车场　无
地区配送　支持

湖月庵的樱饼也十分有名，樱饼的外皮是用北海道十胜产的小豆手工制作的，用薄薄的外皮裹住馅料，上下各用一片樱叶包好。享用的时候揭开樱叶，外皮上还残留着樱叶的香味，实属风雅的享受！

第三代继承人平井源太郎正，继承发扬着第一任和第二任店主的手艺和感性。

店内严谨端正的布局

走惯的路
去惯的店

大约 15 年前，我因采访工作在日本滋贺县的草津做短暂停留，那时曾看到过一面刻着“中山道至此结束”的石碑，然后不由地联想到了江户时代人们长途跋涉的艰苦旅程。虽然我乘车只消半日就到达了此地，但中山道正如同川柳短诗“连本乡带兼康都在江户之内”所说那样，古时这里作为重要进京之路热闹非凡，一直到本乡的第三个岔路口附近都还算在都城之内，现在改成东京大学的校区加贺百万石前田藩的宅邸及改造成六义园的柳泽吉保的别邸在当时都是江户的郊区。从 JR 驹込站沿王子方向走，西点店 ALPES 和丸角煎饼并排着，下坡左转就到了我的母校女子营养大学。这条道路是战前作为学生的我，与战后作为《营养与料理》主编的我走惯的路。学校的建设用地原是仙台藩的厢房，据说中国的革命志士孙文先生流亡于日本时就居住在此地。我在妇女之友出版社工作时常去的店铺 S–WILL，也是 ALPES 西点店店主曾经修业过的地点。S–WILL 制作蛋糕使用含盐黄油，那种味道迄今依然让人怀念不已，一直是自家孩子生日蛋糕的首选。营养大学校内的 Purantan, 听说因与在大和乡居住过的美智子皇后的结缘，皇太子们小时候，会为他们制作理想中蛋糕的样子进贡给皇室。

◉板桥・北・荒川区

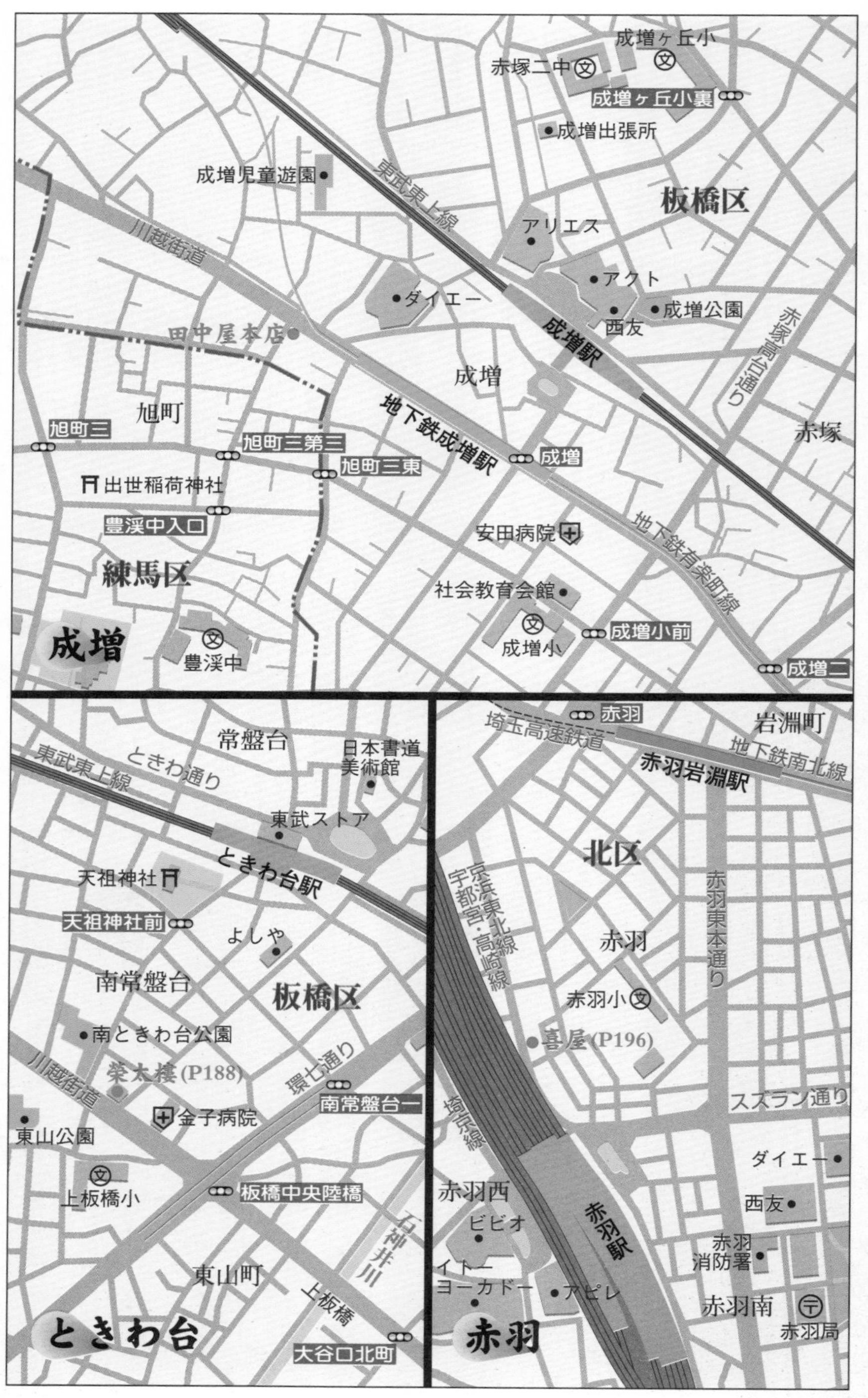

成増ヶ丘小
赤塚二中
成増ヶ丘小裏
成増出張所
成増児童遊園
東武東上線
板橋区
アリエス
川越街道
アクト
ダイエー
成増公園
西友
田中屋本店
成増駅
赤塚高台通り
成増
地下鉄成増駅
旭町
旭町三
旭町三第三
赤塚
旭町三東
成増
出世稲荷神社
豊渓中入口
安田病院
地下鉄有楽町線
練馬区
社会教育会館
成増小前
成増
豊渓中
成増小
成増二
赤羽
岩淵町
常盤台
日本書道美術館
埼玉高速鉄道
東武東上線
ときわ通り
地下鉄南北線
赤羽岩淵駅
東武ストア
北区
ときわ台駅
天祖神社
宇都宮・高崎線
京浜東北線
赤羽東本通り
天祖神社前
よしや
赤羽
南常盤台
板橋区
赤羽小
南ときわ台公園
喜屋(P196)
環七通り
栄太樓(P188)
川越街道
南常盤台一
スズラン通り
金子病院
埼京線
東山公園
ダイエー
上板橋小
板橋中央陸橋
赤羽西
西友
石神井川
ビビオ
赤羽駅
赤羽消防署
東山町
イトーヨーカドー
アピレ
上板橋
赤羽南
赤羽局
ときわ台
赤羽
大谷口北町

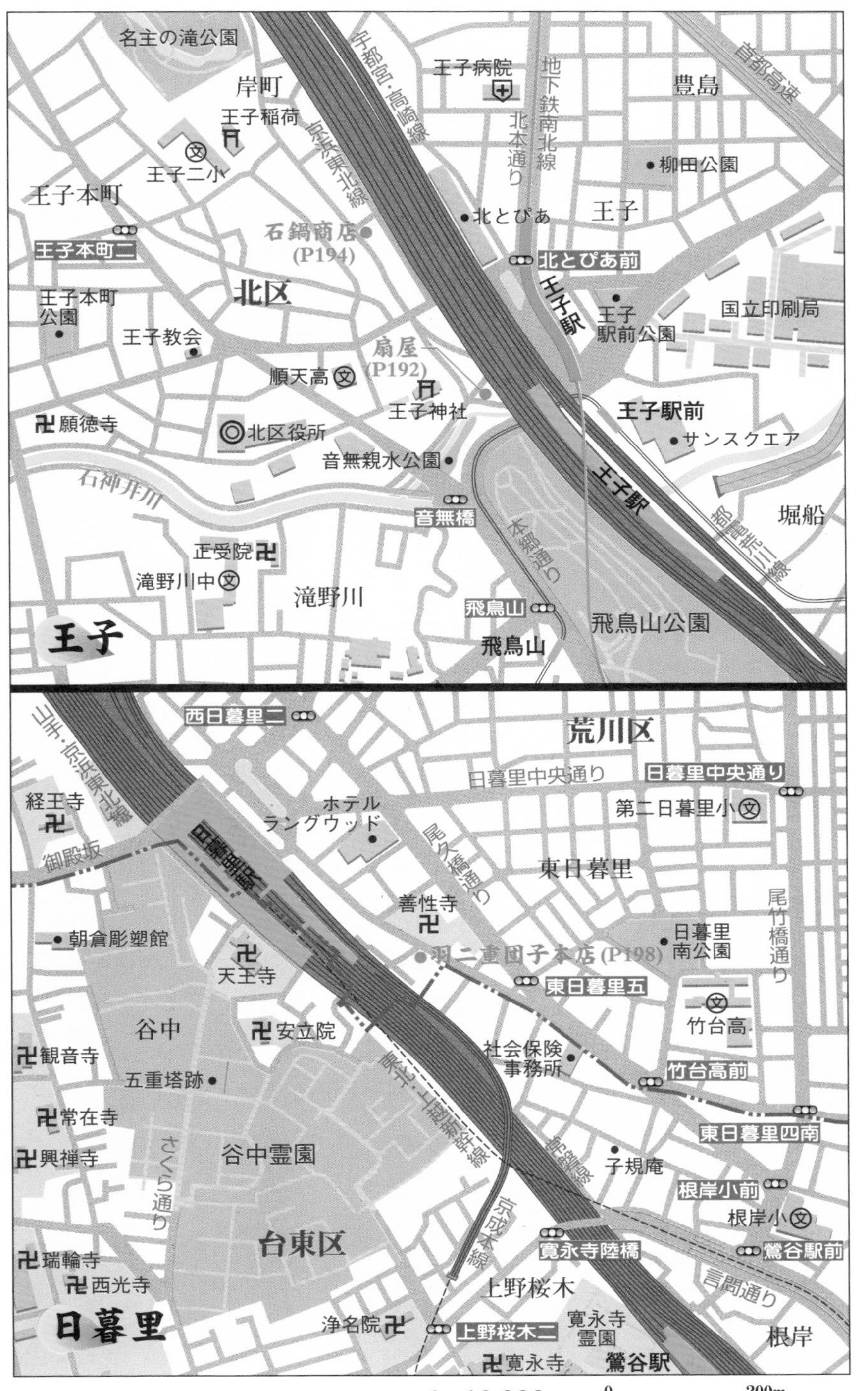

1：10,000　0 — 200m
地図の方位は真北です

板栗铜锣烧美味的秘诀是代代相传的铜锣烧皮的制作方法

板栗铜锣烧

荣太楼

荣太楼创立于大正 7 年（1918），位于常盘台的川越街道。创始人是第 4 代现任店主坂本浩一的祖父，第 2 代店主则是坂本浩一的父亲。

坂本浩一的兄长虽然继承过荣太楼成为第 3 代店主，但是，他最终还是对西点产生了兴趣，几经思考之后，决定在赤坂另开新店。平成 6 年（1994），28 岁的坂本诰一继承荣太楼成为第 4 代店主。

坂本最得意的作品是烤制果子，每隔 2~3 天，他就会让铺内制作铜锣烧。特别是他最拿手的板栗铜锣烧，外皮巧妙混合小麦粉、蜂蜜、砂糖、鸡蛋，是代代相传的秘方。另一个能烤出美味铜锣烧的秘诀，就是在厚达 8 毫米的铁板上烤制，这个厚度是其他铁板的一倍左右。铜锣烧馅有两种，一种是以北海道十胜产红小豆为原料的小仓馅，另一种是甄选国产青豌豆作原料的茶绿馅，每一种馅料里都会放

从材料到成品全部自己制作的主人坂本浩一

世代不变的味道 秘诀在于素材的配合

入一颗完整的大个板栗。用添加了冲绳产的黑糖的铜锣烧皮包裹小仓馅，它的姐妹产品——蒸铜锣烧也很受欢迎。

志野——在全国果子大博览会获得大奖的烤制果子，馅料有加了葡萄干的小仓馅和掺有板栗碎的白豆沙馅2种。自创业伊始就在生产的智姬最中也作为伴手礼广获好评。

商品目录

板栗铜锣烧 / 个 ………… 158 日元
蒸铜锣烧 /3 枚装 ………… 410 日元
志野 / 个 ………… 137 日元
智姬最中 / 个 ………… 158 日元

荣太楼

☎ 03（3956）3057

板桥区南常盘台 1-39-3
东武东上线常盘台站南口步行 5 分钟
营业时间　10 时 ~19 时
休息日　星期日
停车场　无
地区配送　部分支持

小仓馅（前）和白豆沙馅，两种馅料的志野

无论是作为外层的派皮还是控制甜度的内馅都口感绝佳的 SKIP 大道

SKIP 大道
田中屋总店

在东武东上线成增站南口附近热闹非凡，“SKIP 村”无论何时都挤满了熙熙攘攘的顾客，是笼罩在轻松休闲氛围中的商业街。Skip 街就是以这条商业街给人的印象创作的和洋折中的馒头。馅料有板栗、核桃、南瓜、小仓四种，每一种馅料都分量十足、口感细腻，被散发着黄油醇香的派皮包裹起来。无论是充分控制甜度的馅料，还是薄薄的派皮，所使用的食材全部来自日本本国户，口感绝佳。包装上印有一只可爱兔子，根据馅料的种类不同，还把包装纸设计成绿、紫、橙、红等颜色，与商业街的风格十分合拍。

为《被骂了》《鞋子在叫》等童谣作词的诗人清水桂曾住在这里，成增又得名“童谣街”。将切碎的葡萄干儿混入外皮，包上炼乳馅或豆沙馅，最外层再用银纸包裹住的烤制馒头——憧丽美，正是因成增这一别称而获名。它最初的名字

以商业街名称命名 黄油芳香醇厚的馒头

憧丽美的炼乳馅（左）和豆沙馅

是“回家吧”，但是艺人米助（Yonesuku）指出，用“回去”当名字着实古怪。经过一番深思熟虑，便把童谣→音符→do re mi作为逻辑考量，用优美的汉字“憧丽美”来表示。

和洋折中的创意果子现在人气爆棚，但让人意想不到的是田中屋总店有着创业于安政3年（1856）的古老历史，现在的店主已经是第7代继承人了。

商品目录

SKIP 大道 / 个 ………… 158 日元
憧丽美 / 个 ………… 168 日元

田中屋总店

☎ 03（3930）0055

板桥区成增 1-31-5
东武东上线成增站南口步行 5 分钟
营业时间　9 时 ~20 时
休息日　星期二
停车场　2 车位
地区配送　不支持（详情请致电垂询）

橱窗外还摆放着许多商品

别人家无法比拟的味道和分量，口感柔滑值得一提

扇屋 釜烧玉子

花谷飞鸟山、王子稻荷、王子神社还有名主瀑布，王子自江户时代起作为观光名地，熙攘繁华。扇屋于庆安元年（1648）于王子创立，曾在古典落语《王子狐狸》中出场，是一家历史悠久的日式餐馆。虽然如今已不再作为餐馆经营，但是扇屋的名品玉子烧一直还在销售。

釜烧玉子直径 20 厘米，厚达 5 厘米，这是在其他店里都见不到的尺寸，更特别的是釜烧玉子为圆形。在釜中放入约 15 个鸡蛋的蛋液，盖上盖子，上下两面分别加火烤制。边烤边观察烤制的情况，大约 35 分钟就烤制好带着恰到好处焦痕的釜烧玉子了。

每天早上手工制作的厚蛋烧在味道上也丝毫不输釜烧玉子，厚蛋烧上金黄的色泽也很漂亮，微微甘甜的秘制芡汁将鸡蛋的绵软鲜香全部展现出来了。另外，扇屋还有在鸡蛋中掺入鸡肉碎的亲子玉子烧。

被誉为老店中的老店
独特的味道和形状

正在做厚蛋烧的第 15 任店主早船武利，早上需要同时制作 5 枚厚蛋烧

商品目录

釜烧玉子 / 枚 …………… 3675 日元（需要预约）

厚蛋烧 / 份 ……………………………… 1260 日元

厚蛋烧 / 半份 …………………………… 630 日元

亲子玉子烧 / 半份 ……………………… 740 日元

扇屋

☎ 03（3907）2567

北区岸町 1–1–7
JR 王子站步行 1 分钟

营业时间　12 时 ~16 时 30 分
休息日　全年无休
停车场　无
地区配送　支持

每枚厚蛋烧都会使用 9 个大号的鸡蛋
鲜亮的金黄色勾起食欲

久寿饼表面散着厚厚的蜂蜜和黄豆粉，牙签袋上王子狐狸的造型十分可爱

久寿饼
石锅商店

石锅商店创业于明治 20 年（1887），现任主人石锅秀子出生于大正年间，目前仍然精神矍铄、干劲十足。战前，石锅商店附近一带因来此观光的游客而热闹繁华，石锅商店也曾为周边的店铺提供葛饼、寒天的批发售卖，而现在石锅商店只自产自销。传承江户味道的葛饼虽然价格昂贵，但依旧有很多专程从远方赶来购买的老顾客。

此男和夫负责制作果子，他选择优质材料，极尽所能地通过手工制作做出昔日的味道。为了更好地帮助发酵，会把原料之一的淀粉放在一个巨大的木桶中保存两年，通过木桶的微小气孔进行"呼吸"，依靠这一环节让淀粉产生独特的微妙味道。在最后阶段，为了去除酸味和发酵的气味，会把久寿饼放在水中去味，连续三回。依靠耐心进行如此耗时耗力的手工作业，才能制作出美味、健康、代代相传的名品。

因为石锅商店只在每天早上制作当日销售的久寿饼，所

使用旧时的道具，按照旧时方式的手工制作

『固执』坚持纯手工 传承江户名物的风味

以每到旅游旺季，往往不到中午就销售一空。

除了久寿饼，石锅商店的馅蜜、心天凉粉、酒馒头等都是自己制作的。特别是用最上等海藻做的心天凉粉，它和别家做的在香味、口感方面颇有区别。

商品目录

久寿饼 /2 人份 ······ 500 日元
心天凉粉 ······ 180 日元
馅蜜 ······ 360 日元
酒馒头 / 个 ······ 120 日元
* 全部是作伴手礼用的价格

石锅商店

☎ 03（3908）3165
北区岸町 1–5–10
JR 王子站步行 3 分钟
营业时间　9 时 ~18 时
休息日　星期天
停车场　无
地区配送　不支持

酒馒头，也是出乎意料的上等品

浅棕色烤制外皮　香喷喷的唐烧虞美人

喜屋

唐烧虞美人

自昭和 12 年（1937）创业以来，喜屋引以为傲的最中和半生果子就深受顾客喜爱。一方面是因为现任店主在传统的基础上加入时代元素来开发新商品，对制作新型和果子十分热心；另一方面也是因为喜屋善于捕捉日本人“祈盼下一个季节到来”的感性，抢先将季节的一幅幅景象全部体现在生果子上。

喜屋自傲的新作和果子——唐烧虞美人，在类似于铜锣烧皮的薄薄皮种（在和果子中，又叫作“中华皮”）里装上满满的栗子馅料，甫一见和最中一样。唐烧虞美人的馅料保存栗子的原有风味，与极尽细腻柔软的烤制外皮也很相配。

赤羽的红色钻石，是由现任店主将之前的名果·红色钻石最中改造过来，制成小而适口的分量，于平成5年再次销售。喜屋还为赤羽的红色钻石重新设计了包装，如今它已经完全作为新的赤羽名果在喜屋销售。

中国蓬松风格的外皮内部满满塞的都是栗子馅儿

裹着红豆的常青树 外表像古树一样

由于名品红色钻石的缘故，店内统一装修成红豆色

还有，在这里笔者还想推荐一款和果子——常青树。正如其名，常青树的外形就像是一棵古树，是一种有肉桂油风味的红豆馅的漂亮棒状点心，不仅可以搭配日本茶，而且和红茶、咖啡也很相配。

商品目录

唐烧虞美人 / 个 ………………………… 210 日元
赤羽的红色钻石 / 个 ………………………… 126 日元
常青树 ………………………………………… 735 日元
自满最中 /10 枚装 ………………………… 1470 日元

喜屋

☎ 03（3901）4712
北区赤羽 1-19-3
JR 赤羽站步行 1 分钟
营业时间　9 时 ~19 时
休息日　星期二
停车场　无
地区配送　支持

赤羽的红色钻石有小仓、豆沙、白豆沙三种馅料

像白绸般的年糕口感极其细腻

羽二重团子

羽二重团子

羽二重团子创业于文政 2 年（1819），是传承江户的味道的名店。原是王子街道上一家人气极高藤的木茶屋，明治以后在夏目漱石的作品《我是猫》、司马辽太郎的作品《坂上风云》等许多文学作品中均有出场。

徘人正岡子规晚年深居根岸，他也非常喜欢羽二重团子，曾留下俳句“芋坂也，团子也，都与月亮结缘啊”。

招牌商品羽二重团子，由于团子极其细腻，简直就像白绸（“羽二重”在日语里为白绸之意），因此得名“羽二重团子”。在过去，羽二重团子的个头相当大，又被称为“芋坂下的大团子”。现在考虑到方便食用的问题，把团子的个头做得小了些，但是做法和形状与过去相同。一般供奉神佛的团子是圆形的，但是羽二重团子是人们自己吃的，所以不用考虑神佛做成了扁平状的样子，这也是羽二重团子的一个

朴素洗练到极致
文人墨客钟爱的江户味道

面对假山和水池庭院的静谧咖啡席

伴手礼用有各种礼盒可供挑选

商品目录

羽二重团子 /5 支 ……………………… 1218 日元
羽二重团子 /6 支 ……………………… 1449 日元
羽二重团子 /10 支 ……………………… 2394 日元
吃茶・煎茶急用套装 ……………………… 462 日元

羽二重团子总店

☎ 03（3891）2924

荒川区东日暮里 5-54-3
JR 日暮里站步行 3 分钟
营业时间　9 时 ~17 时
休息日　星期二（逢祝日营业）
停车场　无
地区配送　不支持

特征。羽二重团子有两种馅料，一种是烤制得稍稍发焦的生酱油烤团子，另一种是软糯的豆沙馅团子。

虽然现在羽二重团子的总店搬进了高楼，但是留在王子街道的石碑和前院的树木仍然能让人感受到老店的气派。这是一家历史悠久的老店，在店内装饰着江户、明治时期的小器具，面对庭院还设置了咖啡席。

团子除了总店，在装饰一新、引人注目的日暮里站前店，朗伍德酒店内销店以及东京各商场名果销售区域也均有销售。

双拼鸡蛋烧

鸡蛋烧让我真正意识到了东京和京都对味道的不同偏好。那大概是30年前的事情了，当时我与女子学校关系很好的伙伴们一起去京都旅行，并在坂神社旁边的二轩茶屋（中村楼）吃午饭。有一位朋友吃了一口松花堂便当里的鸡蛋烧，便立即抱怨道："味道太寡淡了。"她是家族几代都生活在平民区并且在和果子批发店里长大的地道东京人。这样说来，京都的鸡蛋卷只加了一些汤汁、盐和清淡的酱油来调味，并没有加入白糖。而东京的玉子烧则是寿司类的蛋糕，鸡蛋和鸡蛋卷里都有甜味。值得一提的是，起源于江户时代的王子地区的扇屋店铺的"铁板烤鸡蛋"，来京都旅游的客人都会惊讶地问道："这是什么？好像是蛋糕啊。"待他们将这款食物送入口之后，甘甜的汤汁便顷刻在舌尖蔓延开来。近来这款美食虽然被店家控制了甜度，但对我来说，这依旧是让人怀念的味道啊！小学一年级的时候我们第一次远足去了王子的名主瀑布，在参拜完谷中墓地之后返回的时候，在台阶上休息一起品尝了羽二重团子。森鸥外以及小石川和根岸在住的文人墨客们都喜欢吃羽二重团子，豆沙馅的团子为了去除豆腥味，把红豆反复多次浸在水里，最后才做出绝佳的味道。这家店铺残留的流水账簿，让人联想到往昔的那个时代。

◉足立·葛饰·江户川区

北千住
日の出団地
日ノ出町
常磐線
東武伊勢崎線
千住三丁目
学園西通り
東急ハンズ
マルイ
足立十六中
千住旭公園
北千住駅
ルミネ
足立学園高・中
千住なか井
(P204)
足立区
千住
二丁目
学園通り
足立税務署
地下鉄千代田線
千住旭町
旭町商店街
学園東通り
スポーツクラブ
ルネサンス
地下鉄日比谷線
千寿常東小
JT千住旭町アパート
位置図
環七通り
北綾瀬
葛飾区
首都高速三郷線
金町
松戸市
東武伊勢崎線
五反野
亀有
千葉県
足立区
常磐線
水戸街道
京成金町線
北総鉄道
綾瀬
小菅
柴又
矢切
北千住
東京都
右上図
上図
堀切
菖蒲園
お花茶屋
京成高砂
新柴又
千代田線
京成本線
牛田
青砥
江戸川
市川市
千住大橋
京成
関屋
堀切
京成小岩
荒川区
京成立石
江戸川
国府台
常磐線
南千住
鐘ヶ淵
四ツ木
小岩
明治通り
八広
市川
日比谷線
東向島
小岩
右下図
台東区
隅田川
蔵前橋通り
総武線
曳舟
京成曳舟
江戸川区
浅草寺
新小岩
浅草
業平橋
小村井
銀座線
押上
東武亀戸線
都営浅草線
東あずま
平井
京葉道路
大江戸線
墨田区
半蔵門線
亀戸天神
亀戸水神
1:100,000
国技館
首都高速小松川線
0
2km
錦糸町
亀戸
両国

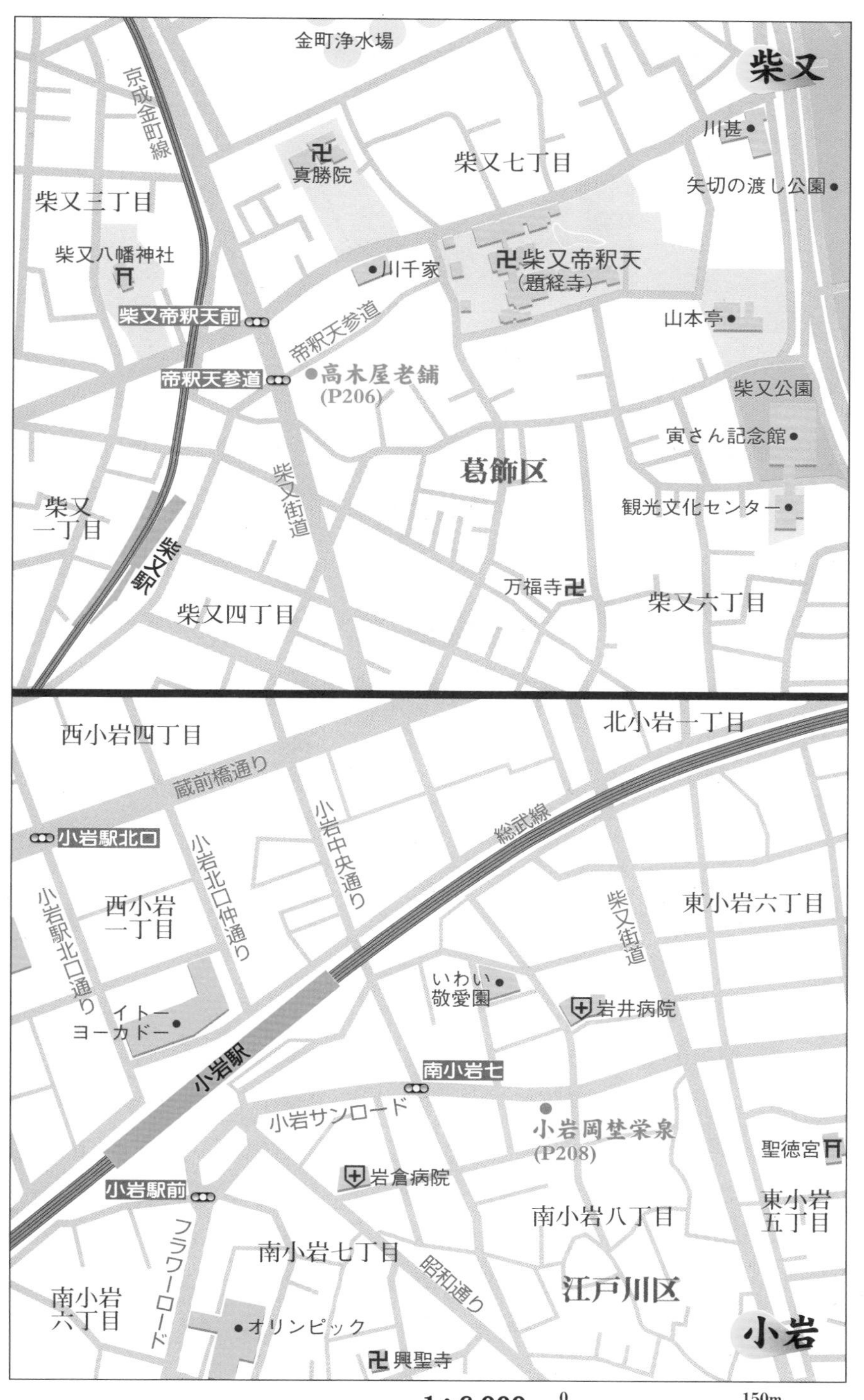

1：6,000

0 150m

地図の方位は真北です

诗笺外形的矢立之初，里面塞有 2 枚年糕的长方形最中

矢立之初

千住中井

JR 北千住站周边，西口通过再开发已经完全近代化了，东口的小巷子两侧还林立着形形色色的商店，鳞次栉比，是生活气息十足的一条街道。千住中井创立于昭和 26 年（1951），是一家最中专卖店，位于东口站前向东延伸的学园大道的商业街上，小小的店面布局合理、井井有条。陈列柜里只摆放四种最中。

元禄 2 年（1689）春，松尾芭蕉在弟子曾良的陪伴下，从千住踏上奥州小道的游记旅程。这个典故至今广为流传，千住中井的招牌果子矢立之初就是命名于《奥州小道》其中一节的名称，是千住中井的得意之作。矢立之初做成了长方形诗笺的模样，有带皮小豆馅和柚子馅两种，每一种馅料里面都塞了两块年糕。

外形特别像铃铛，笨重的样子特别可爱，这种最中就是铃也了。因为铃也名字的寓意很好，所以经常用于各种庆祝

因芭蕉而得名的名果 符合俳圣的诗笺形状

活动、给演员的演出慰问品等。

枪松是从创业伊始销售至今的名品最中。千住中井附近的清亮寺门前曾有一棵茂盛的松树，有一次水户黄门一行人在此经过停下休息的时候，一个家臣把长矛立在这棵松树上。枪松就是由此而得名的。不论是哪一种最中，只要通过电话下单都可以配送到家（详情需致电垂询）。

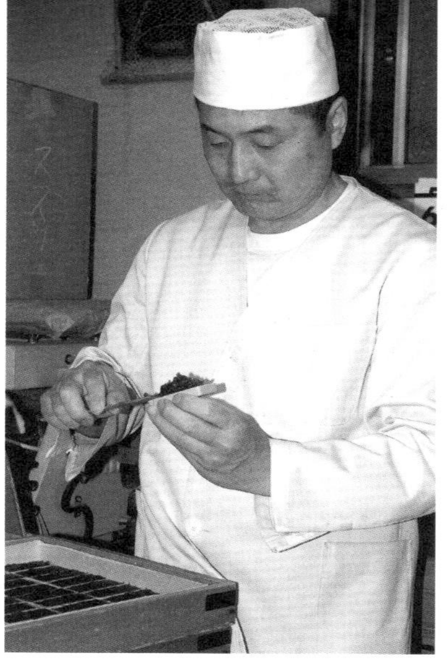

店主中井新平

商品目录

矢立之初 / 个 ······ 136 日元
玲也 / 个 ······ 126 日元
枪松 / 个 ······ 157 日元
* 以上商品均有盒装

千住中井

☎ 03（3882）1001
足立区千住旭町 41-17
JR 北千住站东口
营业时间　9 时～19 时（星期日、节假日 9 时～18 时）
休息日　星期二
停车场　无
地区配送　支持

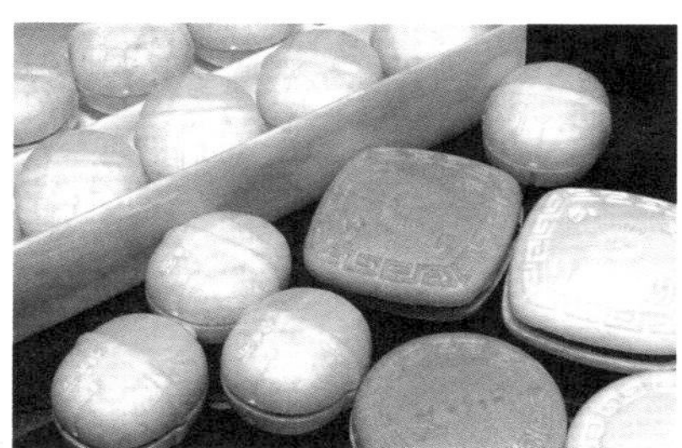

名品枪松夹馅饼（右）与外形可爱的铃也

店内颇为风雅的和风构造

店内品尝草团子，一盘 5 颗，颗颗饱满

草团子
高木屋老铺

柴又这个地方原本是电影《寅次郎的故事》的拍摄地，也是柴又帝释天题经寺的门前町。从京成金町线柴又站起，到帝释天的 200 米左右长的狭窄参拜道路的两侧，并列着好几家当地名品草团子的店铺，高木屋老铺就是其中一家。道路两侧对称的建筑分别是明治时代和大正时代建设的，两种风格的建筑相对而立，各有风情。南侧的建筑是电影《寅次郎的故事》的取景地，也是“虎屋”的原型。

高木屋老铺的草团子使用特选的腰光稻，每天只碾磨出当天使用的粉量；严选筑波山麓下的艾蒿也只采用最柔嫩的新芽部分，团子的果色是艾蒿纯天然的颜色，不添加任何染色剂。北海道十胜产的红豆馅和用同样产自北海道的大豆焙煎后制成的黄豆粉，都在原材料上极尽考究。

煎饼原本就是柴又的名品，高木屋老铺的煎饼原料用的是特选的品牌大米，在米糊上刷上从明治初期秘传下来的酱

坚持使用天才食材
现今依然火热的柴又名品

现今也宛如寅次郎随时可能出现的高木屋老铺

商品目录

草团子 /15 个 …………………… 630 日元
草团子 /20 个 …………………… 840 日元
寅次郎煎饼大 …………………… 630 日元
寅次郎煎饼 / 箱包装 12 个 ………… 1050 日元
吃茶草团子 / 盘（5 个）………… 300 日元

高木屋老铺

☎ 03(3657)3139

葛饰区柴又 7-7-4
京成金町线柴又站步行 2 分钟
营业时间　7 时 ~19 时
休息日　全年无休
停车场　10 车位
地区配送　除草团子以外商品均可配送

油汁后经手工烤制制成。高木屋老铺还有以寅次郎的脸为模型的大个寅次郎煎饼，还有寅次郎喜欢的手提箱也被设计成了煎饼。

接到了伴手礼用的草团子订单，正在对草团子进行包装

芝麻风味和绝妙盐味的江户芝麻大福，右上为加入艾蒿的青草江户芝麻大福

江户芝麻大福

小岩岡埜荣泉

岡埜荣泉总店创业于大正13年（1924），明治时代关店歇业，小岩岡埜荣泉是那时开设的分店之一。创始人特别以岡埜荣泉为荣，甚至给儿子起名为荣泉，对于制作和果子也是满腔热血。

江户芝麻大福是小岩岡埜荣泉第三代现任店主佐藤恭辅创作的和果子，其中健康食品芝麻不单单用来作装饰，也作为制作大福的食材使用。把碾碎的黑芝麻和白芝麻混在糯米粉里一起捣匀做成年糕，加入些许盐进行调味。糯米选择大福专用“虾蛄钟”，选用北海道十胜广小豆制成的红豆馅也甜度刚好。因为每天早上都要在臼中把年糕捣好，再一个一个地手工制作，所以一天最多只卖200个左右，经常下午3点左右就卖光了。另外小岩岡埜荣泉还有加了艾蒿的青草江户芝麻大福。

两颗栗子是烤制栗馒头，先用鸡蛋、小麦粉和砂糖做成

芝麻的风味 微妙的盐量 充满独创性的现代和果子

店内陈列着种类丰富的和果子

店主佐藤恭辅与姐姐小原惠子

商品目录

江户芝麻大福 / 个 ························ 130 日元
江户芝麻大幅 / 竹笼 6 个装 ·········· 1000 日元
两颗栗子 / 个 ···························· 200 日元
虎皮烧 / 个 ······························ 160 日元

包装也很可爱的两颗栗子

小岩岡埜荣泉

☎ 03(3657)1038

江户川区南小岩 8-11-10
JR 小岩站南口步行 3 分钟
营业时间 9 时 ~19 时
休息日 星期三
停车场 无
地区配送 除生果子外皆可配送

基底，再加上大量的蛋黄做成圆形的外皮，最后用外皮包上两粒完整的栗子就可以了。栗子表面裹着的白豆沙馅和羊羹，将栗子原有的香味彻底激发。

虎皮铜锣烧的花样看起来像老虎身上的花纹，它的外皮里添加了奄美大岛产的黑糖和大岛糖，味道十分香甜。

和果子与洋果子的营养价值

前几日，一个地方和果子店的店长和我说道："多亏了那个瘦瘦的人，现在和果子卖得可好了！""诶？那个瘦瘦的人？"——就在我在脑海中搜索这个人是谁的时候，便想到了已过世的铃木，我记得他曾在报纸上说过——"一杯牛奶所含的脂肪量相当于一大匙黄油"。因此，他认为相较于添加了黄油、鲜奶油的西点，和果子更适合节食减肥的人群。确实，以红豆为主加入些许砂糖的和果子（羊羹、蜜馅、铜锣烧暂且不论），每个约100卡路里，算得上低卡路里了。另外，西点的磅蛋糕、切片蛋糕、蒙布朗等，均是以脂肪含量高的鲜奶油、黄油等再掺入砂糖、小麦粉为原材料做成的，热量就变得很高，每个约含200～300卡路里。就连一口大小的巧克力松露，一个也有65～75卡路里。在这之中最让我在意的还是零食果子，我们在边看电视边"咔滋咔滋"大快朵颐的袋装薯片，100g薯片的卡路里竟能有555大卡！每袋144g的炸煎饼也含有764卡路里。为了追求更好的口感，这些果子在制作时使用了大量的油脂成分，需要我们特别注意。

◉商店街的名店总动员

果粒超大的“纪州五代梅·心”。只要吃过一次就会成为它的“俘虏”

梅干

纪州梅专卖店 五代庵

在东急东横线都立大学站北侧，柿木坂大道商业街大致呈南北走向跨过目黑大街，便是都立大学亲和会。商业街上饮食店的数量虽然不多，但是这条商业街景色绝妙，街道两侧林林总总 70 余家店铺，都装潢考究、引人注目。五代庵的梅干在当地主妇中很有人气，作为伴手礼也是不错的选择。

都立大学亲和会大街

纪州五代梅总店（股份制）位于和歌山县南部町，这里作为“梅的故乡”而闻名全国，五代庵自天保 5 年（1834）

宽敞的店内，梅肉精华、梅子果冻一应俱全

将产自纪州的南高梅十足发酵的绝品

起作为纪州五代梅东农园的直营店经营至今。在店铺里陈列着各种各样源自纪州产地南高梅做成的梅干。五代庵的招牌商品“纪州五代梅”是把经过日晒的梅子放在木桶中，加入蜂蜜、米酒以及加倍的二次腌渍汤汁，再静置一个月发酵而成的。

其中，颗粒特大的“纪州五代梅·心”作为伴手礼大受好评。咸淡适宜、肉质饱满柔嫩，也可作为茶点食用。

用腌渍梅干后留下的梅子醋做成梅盐，带有些许酸味，也是富含钾等矿物质的健康食品。

另外，在梅盐中掺入白芝麻做成的“梅芝麻”，作为“纪州五代梅·心”的姊妹商品正在发售。

商品目录

纪州五代梅 [心版] / 个 ………………… 315 日元
纪州五代梅 [心版] /10 枚 ………… 3360 日元
纪州五代梅 [心版] /20 枚 ………… 6300 日元
梅盐 / 袋 ………………………………… 525 日元

纪州梅专卖店 五代庵

☎ 03（3725）5199

目黑区柿木坂 1-31-14
东急东横线都立大学站步行 3 分钟
营业时间　10 时 ~19 时
休息日　星期二
停车场　无
地区配送　支持

落花生是只选用千叶县八街原产的大颗粒红豆焙煎熟成的人气商品

豆果子

药师但马屋

“药师之眼”路商业街自新井药师门前缓缓地向南蜿蜒。“眼”指的是英语的“eye”，也就是日语中的“目”。新井药师在早些时候也被叫作“治眼药师”，为了纪念他就以其名字命名了这条商业街。新井药师的缘日为每月 8 日，到了这天商业街上有的店铺会打折，比平时更加热闹。

吃一口便欲罢不能的煎蚕豆

马屋的豆果子“赤豌豆”，更是只在新井药师缘日当天售卖，也正因为赤豌豆不好买到，所以对前来参拜的客人来说更具吸引力。虽然工艺品是煮熟赤豌豆，但淡盐味有效激发了食材原有风味，别具一格、美味至极。马屋的落花生精

从大正时代起就坚持在店铺内煎烤豆子

店内摆放着盛商品的大笸箩

正在煎豆子的现任主人饭田雄幸

店前洋溢着轻松氛围的大众商业街

商品目录

赤豌豆 / 袋 ………………………… 250 日元

落花生 / 袋 ………………………… 630 日元

蚕豆 / 袋 …………………………… 300 日元

药师但马屋

☎ 03（3386）2615

中野区新井 1-30-9

西武新宿线新井药师前站步行 10 分钟

营业时间　10 时 ~ 18 时

休息日　星期日、节假日

停车场　无

地区配送　支持

选千叶县八街产的小豆为原材料，甄选时只保留大颗粒的小豆，然后花时间慢慢煎透，甚至连八街的人都特意赶来购买。煎到硬实的蚕豆在老年人群体中意外收获了好评，越嚼味道越是浓厚，无论与啤酒、烧酒还是日本酒都很相配。

豆子全部是在店内煎制的，就算袋装的商品售罄也会不计花费时间多少，用心煎制。遇上这种时候，店铺就会称重销售。一般每 180 ~ 200 克装成小袋。新井药师缘日当天，也会对部分商品进行打折。

藤条礼盒包装的别致伴手礼

饴糖

后藤饴糖

从 JR 日暮里站北口出来向西走数分钟，有一段总是聚集着猫群的石阶（称作“晚霞阶梯”），台阶下延伸的便是谷中银座商业街。谷中银座商业街长 170 米左右，狭窄道路两旁熙熙攘攘排列着鱼店、豆腐店、干货店等 60 多家店铺，这条商业街总会让人想起昭和 30 年代。日暮时分，当煤气灯造型的街灯点亮时，让人不禁生出苦闷当头的思故愁绪。

后藤饴糖创业于大正 11 年（1922），位于商业街最西头的右侧。据说店名中的“后藤”二字是借用了创始人在开店之前，做露天生意时关系很好的一位前辈的名字。现任店主伊藤郁男已经是第 3 代传承人了，他最大的特点就是常戴着一顶牛仔帽，倒也是十分搭调。除了创业伊始就传承下来的柚子、木瓜、南方越橘等有季节限定的饴糖之外，伊藤郁男还用西红柿、西洋杏做出了新口味的饴糖，其中最让店主骄傲的是焙茶饴糖，在饴糖里掺了焙茶粉，味道和香气简直

让人怀念的饴糖 季节限定的饴糖
独家创造的绝品饴糖

商业街入口处标志牌

第 3 任店主伊藤郁男，圆圆的眼睛让人过目难忘

店内一角整齐摆放的饴糖

像极了焙茶！焙茶粉选用的是粗茶而不是抹茶，所以才更有平民区的风味。另外还有让人怀念的可乐饴糖、酸酸甜甜的梅干饴糖、固定商品桂皮饴糖等，种类十分丰富，还有大受欢迎的辛辣口味。饴糖全部在店内经手工制作而成。

商品目录

饴糖 / 袋 ·· 315 日元 ~

后藤饴糖

☎ 03（3821）0880

荒川区西日暮里 3-15-1
JR 日暮里站北口步行 5 分钟

营业时间 10 时 30 分 ~ 20 时（星期日、节假日 10 时 30 分 ~19 时）
休息日 星期三不定休（暑期有连休）
停车场 无
地区配送 支持（详情请致电垂询）

饴糖全部被装入小袋子

咸味绝佳的盐焗大纳言甘纳豆

甘纳豆

大森木田屋

在 JR 大森站以南，有一条东西向延伸的米帕尔步行街，以其为中心的大森银座商业街聚集着约 150 家店铺。商业街上不分昼夜，总是人头攒动、热闹无比。米帕尔步行街的右半侧是拱廊街，在商业街上举办的活动非常多，其中最重要的就是每月 1 号的“森市”，在这天食品材料等商品都会打折。这条商业街上的明星产品，就是大森木田屋的甘纳豆了。

木田屋的招牌商品盐焗大纳言甘纳豆，原材料选自北海道产优质大纳言小豆，用砂糖水煮干，再给小豆涂上一层木田屋自制的盐。据说，这种盐要花 10 年时间才能做成，也是因为这份难得的技艺，甘纳豆在平成 6 年的全国果子大博览会上一举夺得头筹。甘纳豆独特的醇香除了配上一杯香浓的日本茶，搭配葡萄酒、白兰地等也都是极好的。除了盐焗大纳言甘纳豆和冷藏后口味更佳的时雨甘纳豆是袋装外，还可以按喜好选择栗甘纳豆、多福甘纳豆、黄莺、金时等混合

十年磨一剑的固定商品 食材独特的创新商品

多福甘纳豆、黄莺、栗纳豆等可以根据喜好拼装

商品目录

盐焗大纳言甘纳豆 / 袋 ………………… 787 日元
时雨甘纳豆 / 袋 ……………………………… 367 日元
3 拼甘纳豆 ………………………………… 1050 日元～
5 拼甘纳豆 ………………………………… 3885 日元～

大森木田屋

☎ 03(3763)3621

大田区大森北 1-14-4
JR 大森站东口步行 5 分钟
营业时间　9 时～ 19 时
休息日　星期日
停车场　无
地区配送　支持

计重购买。木田屋的红薯、柑橘、生姜等独特口味的甘纳豆也极具人气。另外，木田屋全部甘纳豆均不添加任何食品添加剂，是可以放心食用的天然食品。

拱廊结构的大森银座商业街

半盒一枚流水麻布馅蜜羊羹，满满的寒天、年糕和栗子

一枚流水麻布馅蜜羊羹

麻布升月堂

从六本木大街的高树町路口南下，就来到了日本红十字会大街。过去在这附近有很多名人的公馆，而现今这一带的环境也十分幽静，附近的商业街也没有那么热闹、繁华。但是近年来，随着饮食店的数量越来越多，还有许多午休时间出来逛街的上班族等，街道的面貌逐渐在改变。一年一度的商业街秋祭大会上，摊贩把道路两旁挤得满满当当，只有在这天，红十字会大街才会热闹非凡。

麻布升月堂创立于大正 7 年（1918），位于商业街大约中央的位置。在切块羊羹中加入足量馅蜜的配料，如寒天、年糕、栗子等，这款名为“一枚流水麻布馅蜜羊羹”的明星产品作为伴手礼颇受欢迎。用掺入抹茶的面皮或是荞麦面皮包起大个板栗的麻布月，和用荞麦面皮包裹的年糕和带皮红豆馅的荞麦铜锣烧，无论哪个都传承着初代的技艺，粉丝众多。一枚流水麻布馅蜜羊羹和荞麦铜锣烧的馅料都

羊羹同馅蜜合体 让甜食党垂涎三尺的麻布名品

荞麦铜锣烧的特色在于外皮是使用荞麦粉做成的

麻布月裹着一整颗栗子
左为抹茶粉的面皮，右为荞麦粉面皮

装饰在日本红十字会大街上的复古招牌

商品目录

一枚流水麻布馅蜜羊羹 / 半匣 …… 1050 日元
一枚流水麻布馅蜜羊羹 / 匣 ……… 1890 日元
麻布月 /8 枚装 ……………… 2310 日元
荞麦铜锣烧 /10 枚装 ………… 2310 日元

麻布升月堂

☎ 03（3407）0040

港区西麻布 4-22-12
地铁广尾站 3 出口步行 10 分钟
营业时间　10 时 ~19 时（星期六 10 时 ~18 时）
休息日　星期天、节假日
停车场　无
地区配送　支持

用丹波产的红豆，其他商品的馅料用的是北海道产的红豆。

有黑馅、白馅两种馅料的麻布羊羹，还有包裹着豆沙馅和栗子的栗子最中，都是麻布升月堂创业伊始的人气商品。

店内的现代化装饰

重盛永信堂的人形烧（除福禄寿神外的六福神）

人形烧
重盛永信堂

从人形町交叉路口起，向东南方行至水天宫前交叉路口，中间约 350 余米的距离叫作“人形町商业街”。夏天，身着浴衣的女性来来往往，莫名给人以一种江户情调。平日商业街上就行人如织，再加上安产之神神邸就在此处，到了戌日和大安日就更加热闹。宽阔的道路两旁，卖绸缎、渍菜、扇子等各种老牌店铺，有历史渊源的料理店等鳞次栉比，一家挨着一家。

说到人形町的名品，自然就是人形烧了。其中，创业于大正 6 年（1917）的重盛永信堂更是被盛赞为“味道从未改变的正宗人形烧”，从过去开始就有许多粉丝。大火烤香的外皮和甜蜜的馅料共同守护着世人好评的味道。人形烧师傅在客人面前一个个烤制人形烧的景象也是不曾改变的风景。虽说人形烧是模仿七福神的样貌做成的，实际上只有除福禄寿神之外的其他六福神，可即便是没有福禄寿神，也请大家

喷香的面皮　甜蜜的馅料
不媚于世俗　只忠诚于往昔的味道

从业 40 余年之久的人形烧师傅横川照次

尽情购买哦。

奢华煎饼从重盛永信堂创业起就开始售卖，在粮食困难的时期，依旧奢侈地使用小麦粉、鸡蛋、砂糖烤制，奢华煎饼因此得名。重盛永信堂还是第一家尝试在飞机上散发传单的，当然，此举也使东京人十分震惊。

美丽的行道树两旁连绵不断的老店

商品目录

人形烧 / 个 ………………………… 110 日元

人形烧 /10 枚 ………………………… 1110 日元

奢华煎饼 100g………………………… 350 日元

重盛永信堂

☎ 03（3666）5885

中央区日本桥人形町 2-1-1
地铁水天宫前站 7 出口处

营业时间　9 时 ~ 20 时（星期六、节假日 9 时 ~18 时）
休息日　星期日（若遇戌日及大安日顺延一天）
停车场　无
地区配送　支持

印有店铺标志的打包专用发泡容器

冰激凌工房 BOBOLI

炼乳冰激凌

从西荻洼站前的西荻银座会交叉路口起，到穿过五日市街道为止的道路，名为西荻南中央大街。街上车来车往，道路两旁全都是小小的书店、文具店、和服店等，到处都弥漫着往昔商业街的味道。

冰激凌工房 BOBOLI 位于商业街入口处十字路口的一角，这家商店销售的冰激凌不添加任何香料、糖浆和黄油等，原料只选择无须染色、对身体有益的天然素材。店铺每天早上手工制作当天销售的分量，店铺柜台里摆放着 8 ~ 14 种口味的冰激凌。虽然全年的商品目录上约有 80 余种口味，但是大部分商品都是季节限定的。由冬入春的草莓奶昔、初夏的蓝莓、盛夏的蜜桃和毛豆、秋天的南瓜和红薯等，严格依照时令推出产品，店主夫妇创业理念是想让顾客品尝到最美味、最营养的时令果蔬的味道。

其中，最具人气的商品是全年销售的炼乳冰激凌。由于

只选择牧场奶牛的牛奶
每天手工制作当日销售的分量

每日供应 8 ~ 14 种口味

店铺同时还销售有机食品

商品目录

单球 ………………………………………… 350 日元

双球 ………………………………………… 390 日元

* 也贩售冰激凌蛋糕

打包用发泡容器 500cc……………… 1200 日元

打包用发泡容器 1000cc…………… 2000 日元

* 可选两种味道

冰激凌工房 BOBOLI

☎ 03（3333）9910

杉井区西荻南 2-23-8
JR 西荻淫站南口步行 2 分钟
营业时间　11 时 ~ 22 时（售罄闭店）
休息日　星期一（若遇节假日则顺延一天），7、8 月无休
停车场　无
地区配送　支持

炼乳冰激凌制作时没有加鸡蛋，所以做出的味道完全就像是大口大口喝牛奶一般清爽。如果是第一次吃的话，肯定会被它的味道和口感惊呆的吧？顾客也可以选择纸杯装或是甜筒装，如果买来作礼物用的话，最多只能选择两种口味，并且会用打包专用的发泡容器装好。由于家用冰箱难以保存冰激凌，因此希望顾客将商品带回后尽快享用。